工程力学中的张量分析

刘建林　编著

科　学　出　版　社
北　京

内 容 简 介

张量是数学、物理、材料、天文、地理和力学等学科进行模型定量描述的必备工具，在很多工程领域中有着广泛应用。本书是一本系统阐述张量分析基本概念的教材，其目的是体现张量记号和张量方程蕴含的优美，同时引入大量有关张量的工程实例，让读者体会到学以致用的妙处。本书共分四章：第一章介绍了一阶张量，即矢量的定义及其运算法则；第二章主要讲张量的定义、张量的运算、张量的分解以及常见的张量等内容；第三章主要讲张量函数以及场方程，主要针对直线坐标系下定义的张量导数及相关运算；第四章主要讲曲线坐标系中张量的基矢量的导数、张量函数对于矢径的导数以及物理分量。

本书可供工科专业的高年级本科生和研究生学习使用，其专业可以涵盖工程力学、机械工程、材料工程、土木工程、理论物理等，同时也可以作为从事张量相关研究的科研人员的参考资料。

图书在版编目(CIP)数据

工程力学中的张量分析/刘建林编著. —北京：科学出版社，2018.6

ISBN 978-7-03-057937-9

Ⅰ. ①工… Ⅱ. ①刘… Ⅲ. ①工程力学-张量分析 Ⅳ. ①TB12

中国版本图书馆 CIP 数据核字(2018) 第 127908 号

责任编辑：赵敬伟／责任校对：邹慧卿

责任印制：张 伟／封面设计：耕者工作室

科学出版社 出版

北京东黄城根北街 16 号

邮政编码：100717

http://www.sciencep.com

北京九州迅驰传媒文化有限公司印刷

科学出版社发行 各地新华书店经销

*

2018 年 6 月第 一 版 开本：720×1000 1/16

2024 年10月第六次印刷 印张：9 1/2

字数：192 000

定价：68.00 元

(如有印装质量问题，我社负责调换)

前　　言

张量 (tensor) 是数学、物理、材料、天文、地理和力学等学科进行模型定量描述的必备工具，也是数学的一个重要分支，而其在各个工程学科中的广泛应用又促进和完善了这一学科的发展。张量分析的发展已有 100 多年的历史，其概念的形成是高斯 (Johann Carl Friedrich Gauss，1777～1855)、哈密顿 (William Rowan Hamilton，1805～1865)、黎曼 (Georg Friedrich Bernhard Riemann，1826～1866)、克里斯托费尔 (Elwin Bruno Christoffel，1829～1900) 等著名数学家在研究微分几何的过程中引入的。例如，高斯提出了曲面曲率的概念和测地术的理论；哈密顿于 1854 年创造了英文 “tensor” 这一名词术语；黎曼将高斯的三维欧氏空间的内蕴几何发展为 n 维空间的内蕴几何，并引入了度量张量；克里斯托费尔进一步研究了同一物理量在不同坐标系中的表达形式。凯莱 (Arthur Cayley，1821～1895) 引进了 “协变” 量，催生了向量的代数定义，并进行了大量关于张量不变量的研究。里奇 (Gregorio Ricci-Curbastro，1853～1925) 和他的学生莱维–齐维塔 (Tullio Levi-Civita，1873～1941) 进一步发展了张量分析的理论，引入了协变分量、逆变分量、混变分量、加减、乘法、缩并、协变导数等概念，从而使得张量分析的理论日趋完善。可以认为，1900 年里奇和莱维–齐维塔合写的文章《绝对微分法及其应用》标志着张量分析这一学科的诞生。而外尔 (Hermann Weyl，1885～1955) 于 1918 年第一次使用了 “张量分析”(tensor analysis) 这一术语。此外，张量分析还结合了哈密顿提出的哈密顿算符、高斯积分定理和斯托克斯 (George Gabriel Stokes，1819～1903) 积分定理、不变量和对称理论等，形成了优美的数学结构。著名物理学家、诺贝尔奖得主爱因斯坦 (Albert Einstein，1879～1955) 则利用张量这一工具，提出了引力的度量场理论，并提出了广义相对论引力场方程的完整形式，使得物理学的理论体系获得了重大突破。

目前，张量分析已经渗透到天文学、微分几何、大地测量学、理论物理、电磁学、连续介质力学、理性力学、电动力学、材料学、量子力学、表面物理、电机学等各个领域，并在工程技术的很多方面发挥了重要作用。例如，20 世纪 30 年代，克朗 (Gabriel Kron，1901～1968) 创立了电机和网络的张量几何理论，中国科学家萨本栋 (1902～1949) 于 1929 年也曾提出过电路的并矢分析。50 年代，英国创立了英国张量学会，日本创立了应用几何研究会和张量学会等，对张量这一数学工具在电机工程和其他工程科学中的应用起到了极大的推动作用。我国著名力学家钱伟长、郭仲衡、陈至达等人在理性力学领域运用张量也解决了很多科学问题。目前张量分析已经成为很多理工科研究生必须掌握的数学基础，如果不掌握张量的基本知识，阅读最新的外文文献都会有很大困难，更谈不上推导复杂的公式和撰写论文了。

引入张量之后，可以把描述自然规律的冗长公式变得简洁和紧凑，能够更加突出其物理本质。面对具体问题的时候，必须引入坐标系 (如常见的直角坐标系、极坐标系、柱坐标系、球坐标系等)；而同一个物理量在不同的坐标系中的分量往往不同，因而必须知道这些分量在坐标变换时的变化规律。同样，描述自然规律的物理定律和定理在坐标系发生变化时，等式的左右两边必须同时变化才能保证这些规律在任意坐标系中都成立。但事实上，物理量和物理规律是客观的，与坐标系的选择无关——坐标系如同人的衣服，穿上不同的衣服，尽管外表看来不同，但本质上的人不变。而通过张量分析描述的物理定律和定理在不同坐标系下就具有不变性和普遍性，从而能够更加深刻地揭示自然规律的内涵。另外一个关于张量的特点，那就是它本身蕴含的动人心灵的优美——数学中的精炼清晰之美在张量分析中表达得淋漓尽致。张量公式中的各种物理量具有简洁和对称性，使得张量成为描述自然规律的一个非常合适和有力的工具。

尽管关于张量分析已有浩如烟海般的教材和参考书，但是个别教材的内容过于简化，甚至都没有阐述曲线坐标系的张量表达；而且很多书籍属于学术专著，内容驳杂繁深，不便于读者短时间内掌握基本理论；另外，绝大部分的参考书都注重于数学的精确描述，而忽视了张量在工程中的实际应用实例，从而使得学生在学习过程中感到高深莫测和抽象空洞，无法将精简的张量表达式与其在具体坐标系中的分量表达式联系起来。而对于普通高等学校的工科学生而言，尤为重要的是建立张量的概念，以及把张量的概念正确应用到实际的工程问题上。运用得当，在乎一心，希望能够通过本书的学习使得每个人消除数学表达与工程应用间的巨大鸿沟；同时也希望学生学会推导公式的方法和技巧，提高通过张量的基本定义进行演绎的能力。因此在本书中，我们列举了很多笛卡儿坐标系中张量的表达式和张量方程，并且阐述了其工程应用的相关模型。例如，本书中加入了近年来采用张量描述的学科前沿知识，如在微纳米力学中得到广泛应用的应变梯度理论和表面弹性理论、断裂力学中的 J 积分、石油开采中的渗流力学模型、描述材料破坏失效的损伤力学模型、弹性力学问题的微分提法等。另外，为了增强本书的趣味性，我们加入了很多关于张量概念的背景资料和科学史上著名人物的介绍作为补注。总之，从实际应用的角度出发，即如何基于工程实例去介绍张量的基本内容，我们认为编写《工程力学中的张量分析》一书是非常有必要的。

本书第 1 章介绍了一阶张量——矢量的定义及其运算法则，包括点积、叉积、混合积以及坐标变换等内容。第 2 章主要介绍张量的定义、运算、分解以及常见的张量等内容。第 3 章主要介绍张量函数及场方程，主要针对直线坐标系定义了张量的导数及相关运算，事实上这也是绝大部分工程问题所涉及的内容。第 4 章主要介绍曲线坐标系中张量的基矢量的导数、张量场函数对矢径的导数以及物理分量。

值得说明的是，本书并非是一本全面介绍张量内容的大型教材，其主要目的是求精致求具体，以让学生通过工程实例加深对张量的形象化理解，因此适合于短学时的教学内容。本书可供工科专业的高年级本科生和研究生学习使用，其专业可以涵盖工程力学、机械工程、材料工程、土木工程、理论物理等，同时也可以作为从事张量相关研究的科研人员的参考资料。

由于作者水平有限，书中不足之处在所难免，恳请广大读者不吝指教。

刘建林

2016 年 1 月

目　　录

第 1 章　一阶张量——矢量

为了描述实际自然界和工程技术里面的大量问题，人们经常需要建立各种物理模型以得到数学和力学方面的方程，而这一过程通常会涉及很多物理量。在实际应用中，常见的物理量一般可以分为三类，即标量 (scalar)、矢量 (vector) 和张量 (tensor)。

所谓的标量，又称为纯量，通常只有大小，而没有明确的方向。目前工程中常见的标量有：时间、质量、体积、面积、密度 (体密度、面密度、线密度)、温度、静水压力、动能、势能、速率、长度、宽度、厚度、弧长、功、功率、黏附功、黏度、声速、界面能、表面张力、电阻、光强、力对轴之矩、抗弯刚度、抗拉强度、弹性模量、泊松比、剪切模量、拉梅系数、许用应力、屈服强度、等效应力、熵、二阶张量的不变量、应变能、频率、周期、阻尼系数、能量释放率、断裂韧性、J 积分、安全系数、体积模量、摩擦角、固有频率、振幅、角度、转速 (转数) 等。

另外一种常见的物理量为矢量，也称为向量，通常既有大小又有方向。例如，常见的矢量有：力、力对点之矩、矢径、位移、速度 (绝对速度、相对速度、牵连速度)、加速度 (绝对加速度、相对加速度、牵连加速度、哥氏加速度)、动量矩 (动量对点之矩)、动量、冲量、电位移、电场强度、磁感应强度、磁场强度、轴力矢量、弯矩矢量、剪力矢量、广义扭矩矢量、线元矢量、面元矢量、热流密度矢量、电矩、温度梯度、压力梯度等。

而第三类常见的物理量就是张量，与矢量相比其表达方式更加复杂，因为仅通过一个方向无法将其表达清楚。张量可以认为是对矢量的扩张，因此英文中称为 “tensor”。我们可以认为标量为零阶张量，矢量为一阶张量；通常所说的张量往往是指二阶以上的张量。通常所见的张量有：应力、应变、应变率、惯性矩、弹性系数张量、变形梯度张量、位移梯度、压电系数张量、背应力、曲率张量、转动张量、速度梯度、变形率张量、表面应力、损伤变量、单位张量、构型力、应变梯度、应力梯度等。

由于矢量是一阶张量，而且它表现出来的很多物理性质能够使我们预先理解张量的概念，故此在这儿我们首先介绍矢量的概念。

1.1 矢　　量

1. 矢量的定义

由于矢量既有大小又有方向，故此我们一般用一个黑体符号来表示它，这称为矢量的实体形式。对于标量，我们一般用非黑体的字母加以表示。如图 1-1 所示，对于矢量 $\boldsymbol{a}$，可以写为

$$\boldsymbol{a} = a\boldsymbol{n} \tag{1-1}$$

其大小可以用模或者绝对值来表示

$$a = |\boldsymbol{a}| \geqslant 0 \tag{1-2}$$

其中 $\boldsymbol{n}$ 为单位矢量，即

$$|\boldsymbol{n}| = 1 \tag{1-3}$$

$$\boldsymbol{n} = \frac{\boldsymbol{a}}{a} \tag{1-4}$$

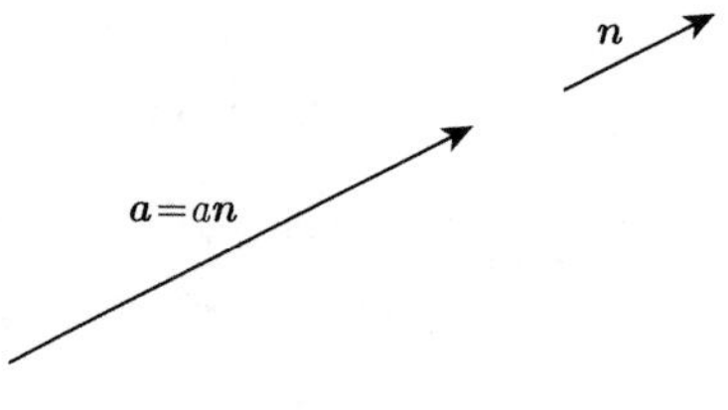

图 1-1　矢量 $\boldsymbol{a}$

具体而言，如图 1-2 所示，某一矢量 $\boldsymbol{a} = -3.5\boldsymbol{n}$，说明 $\boldsymbol{a}$ 的大小为 3.5，其方向与 $\boldsymbol{n}$ 的方向相反。特别地，如果一个矢量的模为零，则称为零矢量，用黑体符号 $\mathbf{0}$ 来表示。

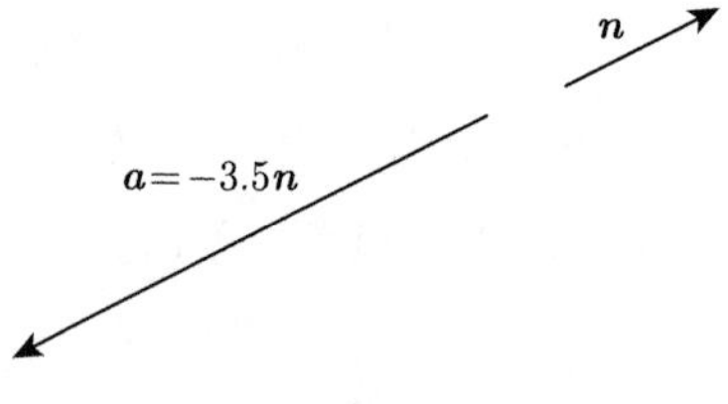

图 1-2　矢量 $\boldsymbol{a}= -3.5\boldsymbol{n}$

另外如图 1-3 所示，根据牛顿万有引力定律，两个可看作质点的星体 (质量分别为 m_1 和 m_2，距离为 r，万有引力常数为 G) 之间的万有引力大小可以表示为 $F=G\dfrac{m_1m_2}{r^2}$。如果定义两个质点之间的矢径 $\boldsymbol{r}=r\boldsymbol{n}$，则力 F 也沿着单位矢量 $\boldsymbol{n}$ 方向，且 $\boldsymbol{n}=\dfrac{\boldsymbol{r}}{r}$。由矢量的定义可知，万有引力的矢量表达式可以写为 $\boldsymbol{F}=F\boldsymbol{n}=G\dfrac{m_1m_2}{r^3}\boldsymbol{r}$。

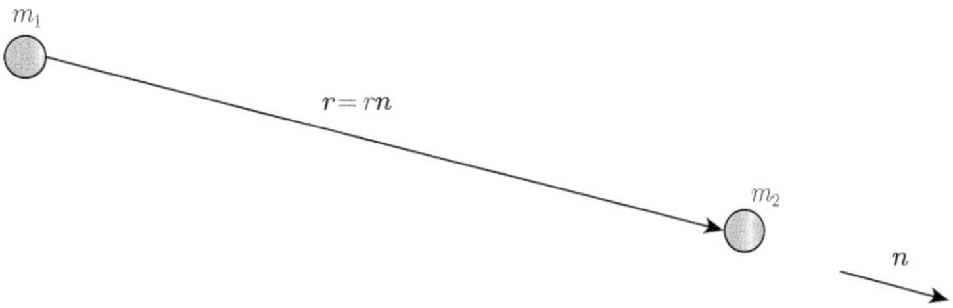

图 1-3　两个星体之间的间距示意图

2. 常规运算

一组矢量 ($\boldsymbol{u}$，$\boldsymbol{v}$，$\boldsymbol{w}$) 的常规运算包括以下几条。

(1) 交换律

$$\boldsymbol{u}+\boldsymbol{v}=\boldsymbol{v}+\boldsymbol{u} \tag{1-5}$$

从几何角度来看，两个矢量的和可以通过平行四边形法则或者矢量三角形法则来求解，实际其和为平行四边形的对角线 (图 1-4)。从该法则可见，交换两个矢量的顺序，对其和没有影响。

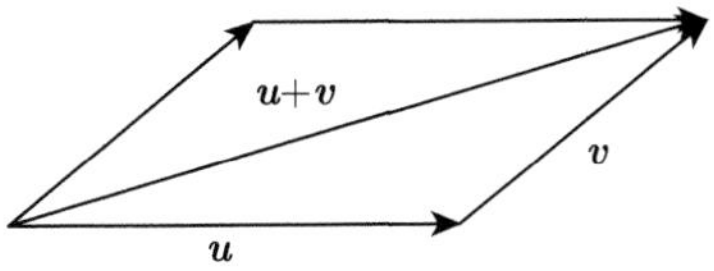

图 1-4　平行四边形法则

(2) 结合律

$$\boldsymbol{u}+\boldsymbol{v}+\boldsymbol{w}=(\boldsymbol{u}+\boldsymbol{v})+\boldsymbol{w}=\boldsymbol{u}+(\boldsymbol{v}+\boldsymbol{w}) \tag{1-6}$$

(3) 矢量差

$$\boldsymbol{u}+(-\boldsymbol{v})=\boldsymbol{u}-\boldsymbol{v} \tag{1-7}$$

$$\boldsymbol{u}+(-\boldsymbol{u})=\boldsymbol{u}-\boldsymbol{u}=\boldsymbol{0} \tag{1-8}$$

(4) **分配律**

$$(a+b)\,\boldsymbol{u}=a\boldsymbol{u}+b\boldsymbol{u} \tag{1-9}$$

$$a\,(\boldsymbol{u}+\boldsymbol{v})=a\boldsymbol{u}+a\boldsymbol{v} \tag{1-10}$$

$$a\,(b\boldsymbol{u})=ab\boldsymbol{u} \tag{1-11}$$

其中 a、b 为实数。

需要说明的是，这些矢量之间的常规运算法则与坐标系的选择没有关系。

3. 笛卡儿坐标系

尽管矢量的实体形式比较紧凑简洁，但是当进行具体运算的时候，其物理意义并不清晰。因此计算时，我们往往选择一个确定的坐标系进行分析，在该坐标系中细致地考察其分量形式。例如，在笛卡儿直角坐标系中 (图 1-5)，矢量 $\boldsymbol{a}$ 可以写为

$$\begin{aligned}\boldsymbol{a}&=a_x\boldsymbol{i}+a_y\boldsymbol{j}+a_z\boldsymbol{k}\\&=(a_x,a_y,a_z)\\&=a\,(\cos\alpha\boldsymbol{i}+\cos\beta\boldsymbol{j}+\cos\gamma\boldsymbol{k})\end{aligned} \tag{1-12}$$

其中 a_x、a_y 和 a_z 分别为矢量 $\boldsymbol{a}$ 的三个分量，$\boldsymbol{i}$、 $\boldsymbol{j}$、$\boldsymbol{k}$ 分别为沿着 x、y、z 三个坐标轴方向的单位基矢量，α、β 和 γ 分别为矢量 $\boldsymbol{a}$ 与 x、y、z 轴的夹角。则 $\boldsymbol{a}$ 的大小为

$$a=|\boldsymbol{a}|=\sqrt{a_x^2+a_y^2+a_z^2} \tag{1-13}$$

并且

$$\begin{cases}\cos\alpha=\dfrac{a_x}{a}\\[2mm]\cos\beta=\dfrac{a_y}{a}\\[2mm]\cos\gamma=\dfrac{a_z}{a}\end{cases} \tag{1-14}$$

而三个角度之间的关系为

$$\cos^2\alpha+\cos^2\beta+\cos^2\gamma=1 \tag{1-15}$$

并且根据矢量的定义，可知 $\boldsymbol{n}=\cos\alpha\boldsymbol{i}+\cos\beta\boldsymbol{j}+\cos\gamma\boldsymbol{k}$，即单位矢量 $\boldsymbol{n}$ 可以分解为沿着三个坐标轴方向的三个分量。

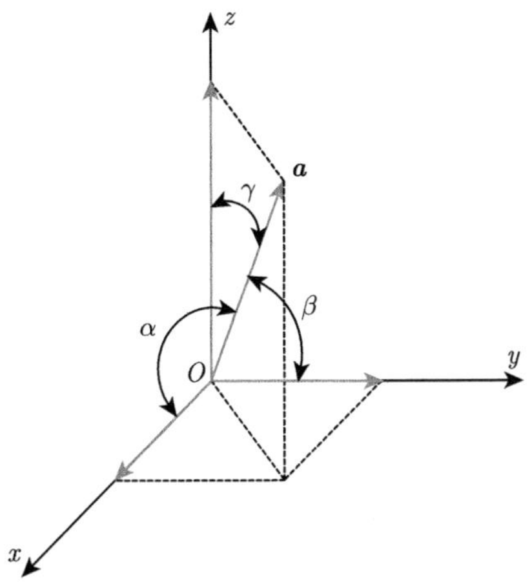

图 1-5　三维笛卡儿坐标系中的矢量 $\boldsymbol{a}$

如果在平面直角坐标系中，如图 1-6 所示，则矢量 $\boldsymbol{a}$ 可以表示为

$$\boldsymbol{a} = a_x\boldsymbol{i} + a_y\boldsymbol{j} \tag{1-16}$$

而其模为

$$a = |\boldsymbol{a}| = \sqrt{a_x^2 + a_y^2} \tag{1-17}$$

此时假设 x 轴与 $\boldsymbol{a}$ 之间的夹角为 α，则有

$$\begin{cases} \cos\alpha = \dfrac{a_x}{a} \\ \sin\alpha = \dfrac{a_y}{a} \end{cases} \tag{1-18}$$

此时单位矢量为 $\boldsymbol{n} = \cos\alpha\boldsymbol{i} + \sin\alpha\boldsymbol{j}$。

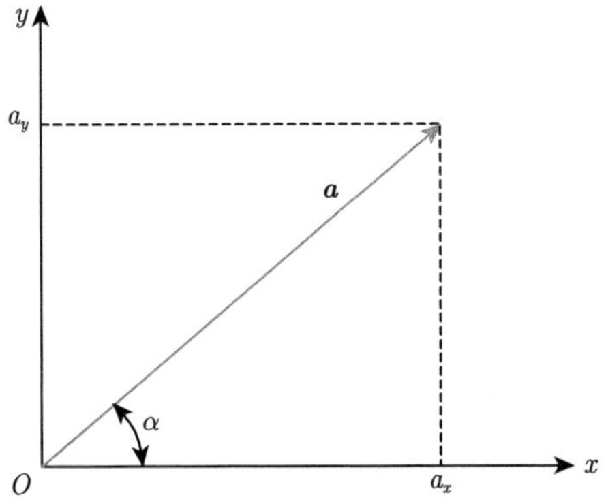

图 1-6　平面笛卡儿坐标系中的矢量 $\boldsymbol{a}$

补注：传说笛卡儿坐标系是由著名学者笛卡儿于 1620 年在睡梦中想到的。那时候，他正在服兵役。多年以来，他慢慢养成一个习惯，即喜欢躺在被窝里思考问题。有一天晚上，笛卡儿不断思考最近研究的几何与代数的结合，不觉进入了梦乡，在睡梦中受到启发而发明了直角坐标系。直角坐标系的创建，在代数和几何之间架起了一座桥梁，它使几何概念用代数来表示，几何图形也可以用代数形式来表示。由此笛卡儿在创立直角坐标系的基础上，创造了用代数的方法来研究几何图形的数学分支——解析几何。他大胆设想：如果把几何图形看成是动点的运动轨迹，就可以把几何图形看成是由具有某种共同特征的点组成的。

4. 任意曲线坐标系

在工程技术和自然规律的研究中，我们经常会遇到曲线或者曲面边界，此时需要更加方便地选用曲线坐标系。例如，我们经常根据研究问题的需要而选择极坐标系、柱坐标系、球坐标系等。如图 1-7 所示，在任意曲线坐标系中，$x^i(i=1,2,3)$ 为曲线坐标，此时其三条坐标线不一定是直线。在任一点处，沿着三个坐标线的切线并指向 x^i 增加的方向可以定义三个基矢量 $\boldsymbol{g}_i(i=1,2,3)$，其大小不一定为 1，同时也不一定互相正交。

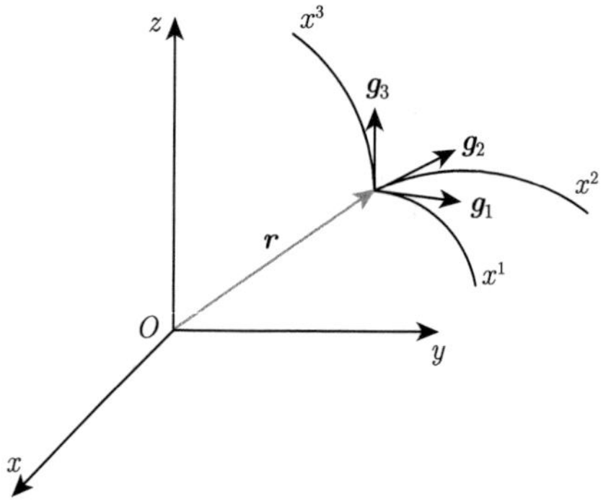

图 1-7 曲线坐标系

在笛卡儿直角坐标系中，任意一点处的矢径可以根据其坐标位置 $(x,\ y,\ z)$ 而写为

$$\boldsymbol{r}=x\left(x^1,x^2,x^3\right)\boldsymbol{i}+y\left(x^1,x^2,x^3\right)\boldsymbol{j}+z\left(x^1,x^2,x^3\right)\boldsymbol{k} \tag{1-19}$$

即任一点的矢径是关于 x^i 的函数。

进而根据全微分的定义，可以知道矢径的增量为

$$\mathrm{d}\boldsymbol{r}=\frac{\partial \boldsymbol{r}}{\partial x^1}\mathrm{d}x^1+\frac{\partial \boldsymbol{r}}{\partial x^2}\mathrm{d}x^2+\frac{\partial \boldsymbol{r}}{\partial x^3}\mathrm{d}x^3 \tag{1-20}$$

则三个基矢量可以定义为

$$\begin{cases}\boldsymbol{g}_1=\dfrac{\partial \boldsymbol{r}}{\partial x^1}\\ \boldsymbol{g}_2=\dfrac{\partial \boldsymbol{r}}{\partial x^2}\\ \boldsymbol{g}_3=\dfrac{\partial \boldsymbol{r}}{\partial x^3}\end{cases} \tag{1-21}$$

即

$$\boldsymbol{g}_i=\frac{\partial \boldsymbol{r}}{\partial x^i}\quad (i=1,2,3) \tag{1-22}$$

$$\mathrm{d}\boldsymbol{r}=\boldsymbol{g}_1\mathrm{d}x^1+\boldsymbol{g}_2\mathrm{d}x^2+\boldsymbol{g}_3\mathrm{d}x^3 \tag{1-23}$$

称 $\boldsymbol{g}_i$ 为曲线坐标 (x^1，x^2，x^3) 点处的协变基矢量。

从式 (1-23) 可以看到，有时候对于一些内含指标规律的公式的书写非常繁琐。因此为了便于张量公式的紧凑书写，我们引入或爱因斯坦求和约定，则矢径增量可以写为

$$\begin{aligned}\mathrm{d}\boldsymbol{r}&=\boldsymbol{g}_1\mathrm{d}x^1+\boldsymbol{g}_2\mathrm{d}x^2+\boldsymbol{g}_3\mathrm{d}x^3\\&=\sum_{i=1}^{3}\frac{\partial \boldsymbol{r}}{\partial x^i}\mathrm{d}x^i\\&=\frac{\partial \boldsymbol{r}}{\partial x^i}\mathrm{d}x^i=\boldsymbol{g}_i\mathrm{d}x^i\end{aligned} \tag{1-24}$$

其中指标 i 称为哑标 (dummy index)，在同一项中以一个上标和一个下标成对出现，表示遍历其取值范围求和的意思。规定拉丁字母 (i，j，k 等) 用于三维问题，取值范围为 1，2，3；规定希腊字母 (α、β 等) 用于二维问题，取值范围为 1，2。每一对哑标的字母可以用相同取值范围的另一对字母任意代换，其意义不变，如 $\boldsymbol{g}_i\mathrm{d}x^i=\boldsymbol{g}_k\mathrm{d}x^k$(因为都代表同一个和)。

与哑标相对应的是自由指标，它在各项中都在同一水平上出现并且只出现一次，或者全为上标，或者全为下标。例如，$\boldsymbol{g}_i=\dfrac{\partial \boldsymbol{r}}{\partial x^i}\,(i=1,2,3)$ 中的指标 i，在左侧中以下标出现，在右侧中由于在分母上，所以实际还是相当于出现在下标的位置。自由指标表示该表达式在 n 维取值范围内都成立，即代表了 n 个表达式。一

个表达式中的某个自由指标可以全体替换用相同取值范围的其他字母，其意义不变。例如，$\boldsymbol{g}_i = \dfrac{\partial \boldsymbol{r}}{\partial x^i}$ 可以写为 $\boldsymbol{g}_j = \dfrac{\partial \boldsymbol{r}}{\partial x^j}$。

类似地，运用求和约定，则任意一个矢量在曲线坐标系中可以表达为

$$\boldsymbol{u} = u^i \boldsymbol{g}_i = u^j \boldsymbol{g}_j \tag{1-25}$$

其中 u^i 称为矢量的逆变分量。对于二维问题，该矢量可以表达为

$$\boldsymbol{u} = u^\alpha \boldsymbol{g}_\alpha = u^\beta \boldsymbol{g}_\beta \tag{1-26}$$

如果坐标线 x^i 均为直线，且相互之间为斜交，则协变基矢量 $\boldsymbol{g}_i$ 为常矢量，其大小和方向都不随空间点的位置变化。如果退化到直角坐标系，则协变基矢量 $\boldsymbol{g}_i$ 就变为单位基矢量，并且沿着三个坐标轴方向，此时协变分量和逆变分量、协变基矢量和逆变基矢量就无须区分。例如，在直角坐标系中 $\boldsymbol{a} = a_x\boldsymbol{i} + a_y\boldsymbol{j} + a_z\boldsymbol{k}$，令 $a_x = a_1$，$a_y = a_2$，$a_z = a_3$，$\boldsymbol{i} = \boldsymbol{e}_1$，$\boldsymbol{j} = \boldsymbol{e}_2$，$\boldsymbol{k} = \boldsymbol{e}_3$，则 $\boldsymbol{a} = a_1\boldsymbol{e}_1 + a_2\boldsymbol{e}_2 + a_3\boldsymbol{e}_3 = a_i\boldsymbol{e}_i$。

补注：求和约定是爱因斯坦在 1916 年发表的《广义相对论基础》中提出的。他写道："看一下这一节的方程就会明白，对于那个在累加符号后出现两次的指标，总是被累加起来的，而且也确实只对出现两次的指标进行累加。因此就能够略去累加符号，而不丧失其明确性。为此我们引进这样的定义：除非做特别说明，则凡是在式中一项中出现两次的指标，总是要对这个指标进行累加。"爱因斯坦后来评述道："求和约定是数学史上一次重大发现；如果不相信的话，我们可以尝试返回到那些不使用这个方法的古板的日子。"

例 1　如图 1-8 所示的球坐标系，某点的矢径为 $\boldsymbol{r}$，也可以用球坐标的三个参数 (R, θ, φ) 表示出来，其表达式为

$$\begin{cases} x = R\sin\theta\cos\varphi \\ y = R\sin\theta\sin\varphi \\ z = R\cos\theta \end{cases} \tag{1-27}$$

故此

$$\begin{aligned} \boldsymbol{r} &= x\boldsymbol{i} + y\boldsymbol{j} + z\boldsymbol{k} \\ &= R\sin\theta\cos\varphi\boldsymbol{i} + R\sin\theta\sin\varphi\boldsymbol{j} + R\cos\theta\boldsymbol{k} \\ &= x^1\sin x^2\cos x^3\boldsymbol{i} + x^1\sin x^2\sin x^3\boldsymbol{j} + x^1\cos x^2\boldsymbol{k} \end{aligned} \tag{1-28}$$

其中 $x^1=R$，$x^2=\theta$，$x^3=\varphi$，即三个坐标线分别沿着 R 伸长方向、θ 增加引起的弧长增加方向、φ 增加引起的弧长增加方向。

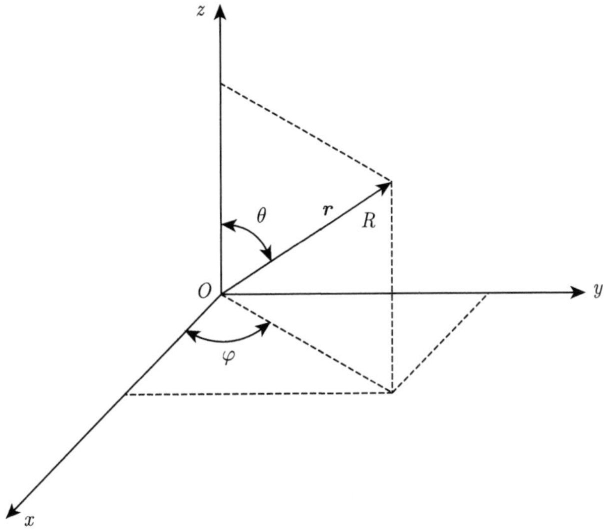

图 1-8 球坐标系

基矢量为

$$\begin{cases} \boldsymbol{g}_1=\dfrac{\partial \boldsymbol{r}}{\partial x^1}=\sin x^2\cos x^3\boldsymbol{i}+\sin x^2\sin x^3\boldsymbol{j}+\cos x^2\boldsymbol{k} \\ \boldsymbol{g}_2=\dfrac{\partial \boldsymbol{r}}{\partial x^2}=x^1\cos x^2\cos x^3\boldsymbol{i}+x^1\cos x^2\sin x^3\boldsymbol{j}-x^1\sin x^2\boldsymbol{k} \\ \boldsymbol{g}_3=\dfrac{\partial \boldsymbol{r}}{\partial x^3}=-x^1\sin x^2\sin x^3\boldsymbol{i}+x^1\sin x^2\cos x^3\boldsymbol{j} \end{cases} \tag{1-29}$$

进一步得到

$$\begin{cases} |\boldsymbol{g}_1|=1 \\ |\boldsymbol{g}_2|=x^1 \\ |\boldsymbol{g}_3|=x^1\sin x^2 \end{cases} \tag{1-30}$$

由此可见，三个基矢量的大小并不全为 1，即它们不一定为单位矢量。这是曲线坐标系和笛卡儿直角坐标系的不同之处。可以假想，从直角坐标系到曲线坐标系的转化过程中，原来的单位基矢量也会发生畸变，即有的会被拉长，有的会被压缩，故而在曲线坐标系中它们的长度并不一定为 1。与之对应，曲线坐标系中沿着三个基矢量方向分解得到的某一矢量的逆变分量，其大小也不同于原来直角坐标系中矢量的三个分量。

例 2　如图 1-9 所示的柱坐标系，此时，直线坐标和曲线坐标之间的对应关系为

$$\begin{cases} x = R\cos\theta \\ y = R\sin\theta \\ z = z \end{cases} \tag{1-31}$$

故此

$$\begin{aligned} \boldsymbol{r} &= x\boldsymbol{i} + y\boldsymbol{j} + z\boldsymbol{k} \\ &= R\cos\theta\boldsymbol{i} + R\sin\theta\boldsymbol{j} + z\boldsymbol{k} \\ &= x^1\cos x^2\boldsymbol{i} + x^1\sin x^2\boldsymbol{j} + x^3\boldsymbol{k} \end{aligned} \tag{1-32}$$

其中 $x^1 = R$，$x^2 = \theta$，$x^3 = z$，即三个坐标线分别沿着 r 伸长方向、θ 增加引起的弧长增加方向、z 增加引起的坐标增加方向。

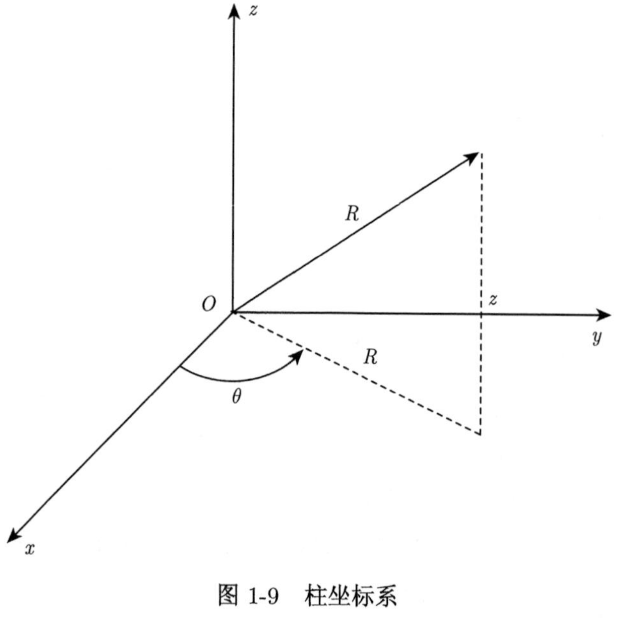

图 1-9　柱坐标系

进一步有

$$\begin{cases} \boldsymbol{g}_1 = \dfrac{\partial \boldsymbol{r}}{\partial x^1} = \cos x^2 \boldsymbol{i} + \sin x^2 \boldsymbol{j} \\ \boldsymbol{g}_2 = \dfrac{\partial \boldsymbol{r}}{\partial x^2} = -x^1 \sin x^2 \boldsymbol{i} + x^1 \cos x^2 \boldsymbol{j} \\ \boldsymbol{g}_3 = \dfrac{\partial \boldsymbol{r}}{\partial x^3} = \boldsymbol{k} \end{cases} \tag{1-33}$$

则得到

$$\begin{cases} |\boldsymbol{g}_1| = 1 \\ |\boldsymbol{g}_2| = x^1 = R \\ |\boldsymbol{g}_3| = 1 \end{cases} \tag{1-34}$$

补注：1905 年爱因斯坦发表狭义相对论后，他开始着眼于如何将引力纳入狭义相对论框架的思考。以一个处在自由落体状态的观察者的理想实验为出发点，他从 1907 年开始了长达八年的对引力的相对性理论的探索。在历经多次弯路和错误之后，他于 1915 年 11 月在普鲁士科学院上作了发言，其内容正是著名的爱因斯坦引力场方程。这个方程式的左边表达的是时空的弯曲情况，而右边则表达的是物质及其运动。正如著名物理学家惠勒所说的："物质告诉时空怎么弯曲，时空告诉物质怎么运动。" 爱因斯坦利用张量提出的引力场方程，把时间、空间和物质、运动这四个自然界最基本的物理量联系了起来，具有非常重要的意义。

1.2 矢量的特殊运算

1. 点积 (内积)

在工程力学中，最常见的矢量就是力，研究力的时候，最方便的方法就是建立相应的坐标系。如图 1-10 所示，在直角坐标系中，一个力 $\boldsymbol{F}$ 可以写为

$$\begin{aligned} \boldsymbol{F} &= \boldsymbol{X} + \boldsymbol{Y} + \boldsymbol{Z} \\ &= X\boldsymbol{i} + Y\boldsymbol{j} + Z\boldsymbol{k} \end{aligned} \tag{1-35}$$

其中 X、Y、Z 分别为该力在 x、y、z 轴上的投影，则该力的大小，即其模可以表示为

$$F = \sqrt{X^2 + Y^2 + Z^2} \tag{1-36}$$

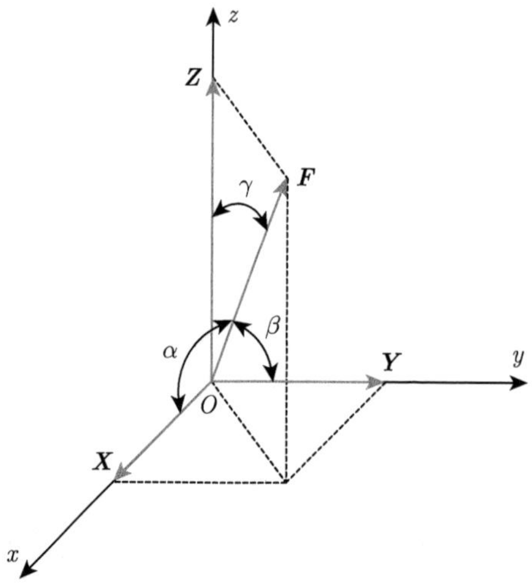

图 1-10　直角坐标系中的力

设该力与 x、y、z 轴的夹角分别为 α、β、γ，则有几何关系

$$\begin{cases} \cos\alpha = \dfrac{X}{F} \\ \cos\beta = \dfrac{Y}{F} \\ \cos\gamma = \dfrac{Z}{F} \end{cases} \tag{1-37}$$

此处，首先引入两个矢量 $\boldsymbol{a}$ 和 $\boldsymbol{b}$ 点积的定义为

$$\boldsymbol{a}\cdot\boldsymbol{b} = ab\cos\theta \tag{1-38}$$

其中 θ 为矢量 $\boldsymbol{a}$ 和 $\boldsymbol{b}$ 的夹角。两个矢量的点积运算的物理意义，就是表示一个矢量在另一个矢量方向上的投影。在笛卡儿直角坐标系中

$$\boldsymbol{a}\cdot\boldsymbol{b} = a_x b_x + a_y b_y + a_z b_z \tag{1-39}$$

其中 $\boldsymbol{a}=a_x\boldsymbol{i} + a_y\boldsymbol{j} + a_z\boldsymbol{k}$，$\boldsymbol{b}=b_x\boldsymbol{i} + b_y\boldsymbol{j} + b_z\boldsymbol{k}$。由于此处 $\boldsymbol{i}$，$\boldsymbol{j}$，$\boldsymbol{k}$ 两两正交，故而任意两者的点积均为 0。

两个矢量 $\boldsymbol{a}$ 和 $\boldsymbol{b}$ 的点积还满足以下规则：

(1) 交换律

$$\boldsymbol{a}\cdot\boldsymbol{b} = \boldsymbol{b}\cdot\boldsymbol{a} \tag{1-40}$$

(2) 分配律

$$\boldsymbol{w}\cdot(\boldsymbol{a}+\boldsymbol{b})=\boldsymbol{w}\cdot\boldsymbol{a}+\boldsymbol{w}\cdot\boldsymbol{b} \tag{1-41}$$

其中 $\boldsymbol{w}$ 为矢量。

(3) 正定性

$$\boldsymbol{a}\cdot\boldsymbol{a}=a^2\geqslant 0 \tag{1-42}$$

当且仅当 $a=0$ 时等号成立。

根据矢量点积的定义，如图 1-10 所示，该力 $\boldsymbol{F}$ 在三个坐标轴方向上的投影大小为

$$\begin{cases} X=\boldsymbol{F}\cdot\boldsymbol{i}=F\cos\alpha \\ Y=\boldsymbol{F}\cdot\boldsymbol{j}=F\cos\beta \\ Z=\boldsymbol{F}\cdot\boldsymbol{k}=F\cos\gamma \end{cases} \tag{1-43}$$

为了研究问题的方便，在曲线坐标系中，我们引入与协变基矢量对偶的另外一组基矢量 $\boldsymbol{g}^j$，称为逆变基矢量

$$\boldsymbol{g}_i\cdot\boldsymbol{g}^j=\delta_i^j \quad (i,j=1,2,3) \tag{1-44}$$

其中 δ_i^j 为克罗内克 δ，定义为

$$\delta_i^j=\begin{cases} 1 & (i=j) \\ 0 & (i\neq j) \end{cases} \tag{1-45}$$

把其分量写成矩阵的形式，则其对应的矩阵为单位阵：

$$[\delta]=\begin{pmatrix} 1 & 0 & 0 \\ 0 & 1 & 0 \\ 0 & 0 & 1 \end{pmatrix} \tag{1-46}$$

根据爱因斯坦求和约定，有

$$\delta_i^i=3 \tag{1-47}$$

$$\delta_j^i\delta_k^j=\delta_k^i \tag{1-48}$$

$$\delta_j^i\delta_k^j\delta_t^k=\delta_t^i \tag{1-49}$$

$$\delta_j^i\delta_i^j=\delta_i^i=3 \tag{1-50}$$

在二维问题中，类似定义

$$\boldsymbol{g}_{\alpha} \cdot \boldsymbol{g}^{\beta} = \delta_{\alpha}^{\beta} \quad (\alpha, \beta = 1, 2) \tag{1-51}$$

其中

$$\delta_{\alpha}^{\beta} = \begin{cases} 1 & (\alpha = \beta) \\ 0 & (\alpha \neq \beta) \end{cases} \tag{1-52}$$

根据求和约定，有

$$\delta_{\alpha}^{\alpha} = 2 \tag{1-53}$$

$$\delta_{\beta}^{\alpha} \delta_{\gamma}^{\beta} = \delta_{\gamma}^{\alpha} \tag{1-54}$$

例如，对于一个具体的运算 $3\left(\delta_{i}^{i}\right)^{2} + 2\delta_{\beta}^{\alpha}\delta_{\alpha}^{\beta} = 3 \times 3^{2} + 2 \times 2 = 31$。

将协变基矢量沿着逆变基矢量方向分解，则有

$$\boldsymbol{g}_{i} = g_{ij} \boldsymbol{g}^{j} \tag{1-55}$$

$$\boldsymbol{g}_{\alpha} = g_{\alpha\beta} \boldsymbol{g}^{\beta} \tag{1-56}$$

其中 g_{ij} 和 $g_{\alpha\beta}$ 分别为两个基矢量之间转换的系数。

同样，将逆变基矢量沿着协变基矢量方向分解，有

$$\boldsymbol{g}^{i} = g^{ij} \boldsymbol{g}_{j} \tag{1-57}$$

$$\boldsymbol{g}^{\alpha} = g^{\alpha\beta} \boldsymbol{g}_{\beta} \tag{1-58}$$

根据上述关系，则可以得到

$$\boldsymbol{g}_{i} \cdot \boldsymbol{g}_{k} = g_{ij} \boldsymbol{g}^{j} \cdot \boldsymbol{g}_{k} = g_{ij} \delta_{k}^{j} = g_{ik} \tag{1-59}$$

类似地有

$$g^{ij} = \boldsymbol{g}^{i} \cdot \boldsymbol{g}^{j} = g^{ji} \tag{1-60}$$

$$g_{\alpha\beta} = \boldsymbol{g}_{\alpha} \cdot \boldsymbol{g}_{\beta} = g_{\beta\alpha} \tag{1-61}$$

$$g^{\alpha\beta} = \boldsymbol{g}^{\alpha} \cdot \boldsymbol{g}^{\beta} = g^{\beta\alpha} \tag{1-62}$$

即 g_{ij}、g^{ij} 和 $g_{\alpha\beta}$、$g^{\alpha\beta}$ 都具有对称性。

因此，矢量 $\boldsymbol{u}=u^i\boldsymbol{g}_i$ 的逆变分量可以写为

$$\begin{aligned} u^i &= u^j\boldsymbol{g}_j\cdot\boldsymbol{g}^i \\ &= u^j\delta_j^i \\ &= \boldsymbol{u}\cdot\boldsymbol{g}^i \end{aligned} \tag{1-63}$$

即矢量 $\boldsymbol{u}$ 在 $\boldsymbol{g}^i$ 方向的投影为 u^i。而矢量 $\boldsymbol{u}$ 在 $\boldsymbol{g}_i$ 方向的投影为 u_i。因此把矢量 $\boldsymbol{u}$ 沿着逆变基矢量进行分解，可以写为

$$\boldsymbol{u}=u_i\boldsymbol{g}^i \tag{1-64}$$

此处 u_i 称为协变分量。而协变分量 u_i 的表达式可以很方便地写为

$$u_i=\boldsymbol{u}\cdot\boldsymbol{g}_i \tag{1-65}$$

即矢量 $\boldsymbol{u}$ 可以由逆变分量和协变分量来分别表示：

$$\boldsymbol{u}=u^i\boldsymbol{g}_i=u_i\boldsymbol{g}^i \tag{1-66}$$

或者

$$\boldsymbol{u}=u^\alpha\boldsymbol{g}_\alpha=u_\alpha\boldsymbol{g}^\alpha \tag{1-67}$$

总之，矢量 $\boldsymbol{u}$ 在协变基矢量方向上的投影为协变分量，在逆变基矢量方向上的投影为逆变分量，而在直角坐标系中三个基矢量方向上的投影为对应的三个直角坐标分量，此时没有逆变分量和协变分量之分。这又是直线坐标系和曲线坐标系的一个不同之处。

另外有关系：

$$\delta_i^j u^i=u^j \tag{1-68}$$

$$\delta_i^j u_j=u_i \tag{1-69}$$

即克罗内克 δ 的作用是进行指标替换。

还可以利用这些表达式来进行矢量的指标升降。例如，

$$\boldsymbol{u}=u^i\boldsymbol{g}_i=u^i g_{ik}\boldsymbol{g}^k=u_k\boldsymbol{g}^k \tag{1-70}$$

$$u^i=u_k g^{ik} \tag{1-71}$$

$$u_i = u^k g_{ik} \tag{1-72}$$

在曲线坐标系中，两个矢量的点积可以写为

$$\begin{aligned}\boldsymbol{a}\cdot\boldsymbol{b} &= a^i\boldsymbol{g}_i\cdot b_j\boldsymbol{g}^j = a^i b_j\delta_i^j = a^i b_i\\ &= a_i\boldsymbol{g}^i\cdot b^j\boldsymbol{g}_j = a_i b^i\end{aligned} \tag{1-73}$$

以柱坐标系为例，根据公式 (1-33) 推导的三个协变基矢量的表达形式，不难得到：

$$\begin{aligned}
g_{11} &= \boldsymbol{g}_1\cdot\boldsymbol{g}_1 = \left(\cos x^2\boldsymbol{i}+\sin x^2\boldsymbol{j}\right)\cdot\left(\cos x^2\boldsymbol{i}+\sin x^2\boldsymbol{j}\right) = 1\\
g_{12} &= \boldsymbol{g}_1\cdot\boldsymbol{g}_2 = \left(\cos x^2\boldsymbol{i}+\sin x^2\boldsymbol{j}\right)\cdot\left(-x^1\sin x^2\boldsymbol{i}+x^1\cos x^2\boldsymbol{j}\right) = 0\\
g_{13} &= \boldsymbol{g}_1\cdot\boldsymbol{g}_3 = \left(\cos x^2\boldsymbol{i}+\sin x^2\boldsymbol{j}\right)\cdot\boldsymbol{k} = 0\\
g_{22} &= \boldsymbol{g}_2\cdot\boldsymbol{g}_2 = \left(-x^1\sin x^2\boldsymbol{i}+x^1\cos x^2\boldsymbol{j}\right)\cdot\left(-x^1\sin x^2\boldsymbol{i}+x^1\cos x^2\boldsymbol{j}\right) = \left(x^1\right)^2\\
g_{23} &= \boldsymbol{g}_2\cdot\boldsymbol{g}_3 = \left(-x^1\sin x^2\boldsymbol{i}+x^1\cos x^2\boldsymbol{j}\right)\cdot\boldsymbol{k} = 0\\
g_{33} &= \boldsymbol{g}_3\cdot\boldsymbol{g}_3 = \boldsymbol{k}\cdot\boldsymbol{k} = 1
\end{aligned} \tag{1-74}$$

为更直观的表示，可以写出度量张量 (g_{ij}) 的矩阵形式：

$$(g_{ij}) = \begin{pmatrix} 1 & 0 & 0\\ 0 & \left(x^1\right)^2 & 0\\ 0 & 0 & 1\end{pmatrix} \tag{1-75}$$

根据度量张量的性质 $g_{ij}g^{jk} = \delta_i^k$，通过将上式求逆，可以进一步得到 (g^{ij}) 的矩阵形式：

$$(g_{ij}) = \begin{pmatrix} 1 & 0 & 0\\ 0 & 1\Big/\left(x^1\right)^2 & 0\\ 0 & 0 & 1\end{pmatrix} \tag{1-76}$$

因此，其逆变基矢量分量形式也可以通过 $\boldsymbol{g}^i = g^{ij}\boldsymbol{g}_j$ 得到：

$$\begin{cases}\boldsymbol{g}^1 = \cos x^2\boldsymbol{i}+\sin x^2\boldsymbol{j}\\ \boldsymbol{g}^2 = -\dfrac{\sin x^2}{x^1}\boldsymbol{i}+\dfrac{\cos x^2}{x^1}\boldsymbol{j}\\ \boldsymbol{g}^3 = \boldsymbol{k}\end{cases} \tag{1-77}$$

补注：利奥波德 · 克罗内克 (Leopold Kronecker，1823~1891)，德国数学家与逻辑学家，出生于西里西亚利格尼茨 (现属波兰的莱格尼察)，卒于柏林。他认为算术与数学分析都必须以整数为基础。他曾说:“上帝创造了整数，其余都是人做的工作”(Bell，1986，477 页)。这与数学家格奥尔格·康托尔 (Georg Ferdinand Ludwig Philipp Cantor，1845~1918) 的观点相互对立，即克罗内克极力反对其集合论。克罗内克是恩斯特·库默尔 (Ernst Kummer，1810~1893) 的学生和终身挚友。1861 年他成为柏林科学院正式成员，1868 年当选为巴黎科学院通讯院士，1880 年任著名的《克雷尔杂志》的主编，1884 年成为伦敦皇家学会国外成员。克罗内克最主要的功绩在于努力统一数论、代数学和分析学的研究。克罗内克的数学观对后世有极大影响，他主张分析学应奠基于算术，而算术的基础是整数。

在力学中，常见的矢量点积的例子还有以下这些。

(1) 功和功率

如果作用在质点上的力为 $\boldsymbol{F}$，质点的位移增量为 $\mathrm{d}\boldsymbol{r}$，则力做的功为

$$\begin{aligned}W &= \int_C \boldsymbol{F}\cdot \mathrm{d}\boldsymbol{r}\\ &= \int_C F_i \mathrm{d}x^i\end{aligned} \tag{1-78}$$

若质点的速度为 $\boldsymbol{v}$，则功率可以写为

$$\begin{aligned}P &= \int_C \boldsymbol{F}\cdot \mathrm{d}\boldsymbol{v}\\ &= \int_C F^i \mathrm{d}v_i\\ &= \int_C F_i \mathrm{d}v^i\end{aligned} \tag{1-79}$$

若在直角坐标系中，有

$$\begin{aligned}W &= \int_C (X\mathrm{d}x + Y\mathrm{d}y + Z\mathrm{d}z)\\ &= \int_C (X\cos\alpha + Y\cos\beta + Z\cos\gamma)\mathrm{d}s\end{aligned} \tag{1-80}$$

$$P = \int_C (X\mathrm{d}v_x + Y\mathrm{d}v_y + Z\mathrm{d}v_z)$$

$$= \int_C (X \cos \alpha + Y \cos \beta + Z \cos \gamma) \mathrm{d}v \tag{1-81}$$

其中 $\boldsymbol{v} = v\boldsymbol{\tau} = v(\cos\alpha \boldsymbol{i} + \cos\beta \boldsymbol{j} + \cos\gamma \boldsymbol{k})$。

如果作用在绕定轴转动的刚体上面的力矩为 $\boldsymbol{M}$，刚体的角速度矢量为 $\boldsymbol{\omega}$，则该力矩做的功为

$$\begin{aligned} W &= \int_\varphi \boldsymbol{M} \cdot \boldsymbol{\omega} \mathrm{d}t \\ &= \int_\varphi M^i \omega_i \mathrm{d}t \\ &= \int_\varphi M_i \omega^i \mathrm{d}t \end{aligned} \tag{1-82}$$

(2) 平面方程

在笛卡儿坐标系中，任意一点的矢径为

$$\boldsymbol{r} = x\boldsymbol{i} + y\boldsymbol{j} + z\boldsymbol{k} \tag{1-83}$$

另外一个单位矢量 $\boldsymbol{n}$ 的表达式为

$$\boldsymbol{n} = a\boldsymbol{i} + b\boldsymbol{j} + c\boldsymbol{k} \tag{1-84}$$

其中 a、b、c 为常数。

若 p 为常数，则 $\boldsymbol{r} \cdot \boldsymbol{n} = p$ 即为以单位矢量 $\boldsymbol{n}$ 为法线的平面方程，其展开式为

$$ax + by + cz = p \tag{1-85}$$

如图 1-11 所示，即空间中任意一点的矢径 $\boldsymbol{r}$，若其在 $\boldsymbol{n}$ 方向上的投影为常数 p，则这些点的集合就组成了图示的平面。

如果在曲线坐标系中，则有

$$\boldsymbol{r} \cdot \boldsymbol{n} = x^i n_i = p \tag{1-86}$$

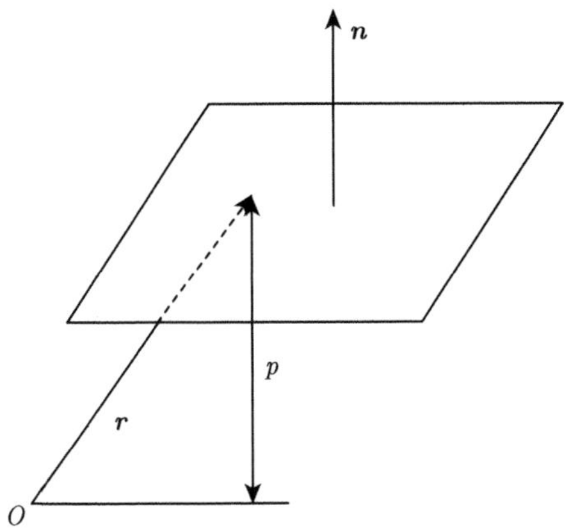

图 1-11 平面 $\boldsymbol{r}\cdot\boldsymbol{n}=p$

(3) 动能

若一个质点的质量为 m，速度为 $\boldsymbol{v}$，则其动能为

$$\begin{aligned}T&=\frac{1}{2}mv^2\\&=\frac{1}{2}m\boldsymbol{v}\cdot\boldsymbol{v}\\&=\frac{1}{2}m\boldsymbol{v}^2\qquad(1\text{-}87)\\&=\frac{1}{2}mv^iv_i\\&=\frac{1}{2}m\dot{\boldsymbol{r}}\cdot\dot{\boldsymbol{r}}\qquad(1\text{-}88)\end{aligned}$$

这一定义由著名的全才式科学家莱布尼兹所提出，初始以 mv^2 进行定义，称为“活力”。而动量这个概念是笛卡儿、牛顿 (Isaac Newton，1643~1727) 先后提出的，并且笛卡儿明确地把物体的质量与速度的乘积作为物体运动量的量度，但是作为能量的度量不合适。而科里奥利 (Gustave Gaspard de Coriolis，1792~1843) 是对动能和功给出确切的现代定义的第一个人。他把物体的动能定义为物体质量的二分之一乘以其速度的平方，而作用力对某物体所做的功等于此力乘以其克服阻力而运动的距离。

在这儿，实际上我们定义了矢量 $\boldsymbol{v}$ 的二次幂

$$\boldsymbol{v}^2=\boldsymbol{v}\cdot\boldsymbol{v}\qquad(1\text{-}89)$$

(4) 线元

矢径增量 $\mathrm{d}\boldsymbol{r}\cdot\mathrm{d}\boldsymbol{r}=\mathrm{d}s^2$，则有 $\mathrm{d}r\cdot\mathrm{d}r=\mathrm{d}s^2$，其中 $\boldsymbol{\tau}$ 为沿着曲线切线方向的单位矢量。

任意一点处的线元长度平方为

$$\begin{aligned}\mathrm{d}s^2&=\mathrm{d}\boldsymbol{r}\cdot\mathrm{d}\boldsymbol{r}\\&=g_{ij}\mathrm{d}x^i\mathrm{d}x^j\end{aligned}\tag{1-90}$$

特别地，在直角坐标系中有

$$\mathrm{d}s^2=\mathrm{d}x^2+\mathrm{d}y^2+\mathrm{d}z^2\tag{1-91}$$

在如图 1-9 所示的柱坐标 $O\text{-}r\theta z$ 中，有

$$g_{11}=\boldsymbol{g}_1\cdot\boldsymbol{g}_1=1\tag{1-92}$$

$$g_{22}=\boldsymbol{g}_2\cdot\boldsymbol{g}_2=r^2\tag{1-93}$$

$$g_{33}=\boldsymbol{g}_3\cdot\boldsymbol{g}_3=1\tag{1-94}$$

$$g_{ij}=0\quad(i\neq j)\tag{1-95}$$

$$\mathrm{d}s^2=\mathrm{d}r^2+(r\mathrm{d}\theta)^2+\mathrm{d}z^2\tag{1-96}$$

则

$$\begin{aligned}\mathrm{d}s^2&=g_{ij}\mathrm{d}x^i\mathrm{d}x^j\\&=\mathrm{d}r^2+(r\mathrm{d}\theta)^2+\mathrm{d}z^2\end{aligned}\tag{1-97}$$

其几何意义如图 1-12 所示，在柱坐标系中任意一点处，其矢径增量对应的单元体，其三个边长分别对应着三个方向的增量。

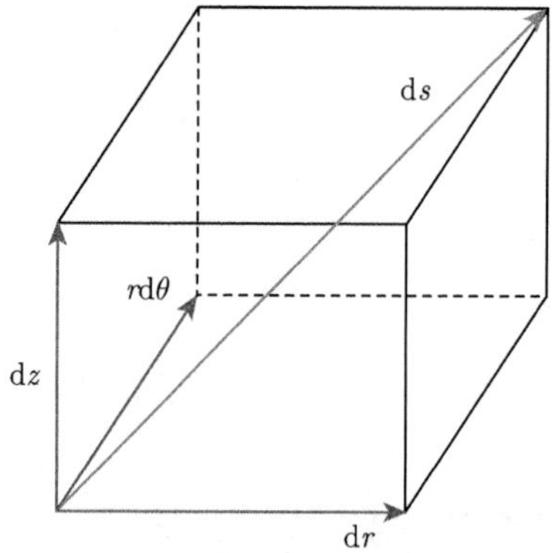

图 1-12　柱坐标系中的线元增量

在如图 1-8 所示的球坐标 $O\text{-}R\theta\varphi$ 中，有

$$g_{11} = \boldsymbol{g}_1 \cdot \boldsymbol{g}_1 = 1 \tag{1-98}$$

$$g_{22} = \boldsymbol{g}_2 \cdot \boldsymbol{g}_2 = R^2 \tag{1-99}$$

$$g_{33} = \boldsymbol{g}_3 \cdot \boldsymbol{g}_3 = (R\sin\theta)^2 \tag{1-100}$$

$$g_{ij} = 0 \quad (i \neq j) \tag{1-101}$$

则有

$$\begin{aligned} \mathrm{d}s^2 &= g_{ij}\mathrm{d}x^i\mathrm{d}x^j \\ &= \mathrm{d}R^2 + (R\mathrm{d}\theta)^2 + (R\sin\theta\mathrm{d}\varphi)^2 \end{aligned} \tag{1-102}$$

其几何意义如图 1-13 所示，在球坐标系中任意一点处，其矢径增量对应的单元体，其三个边长分别对应着三个方向的增量。

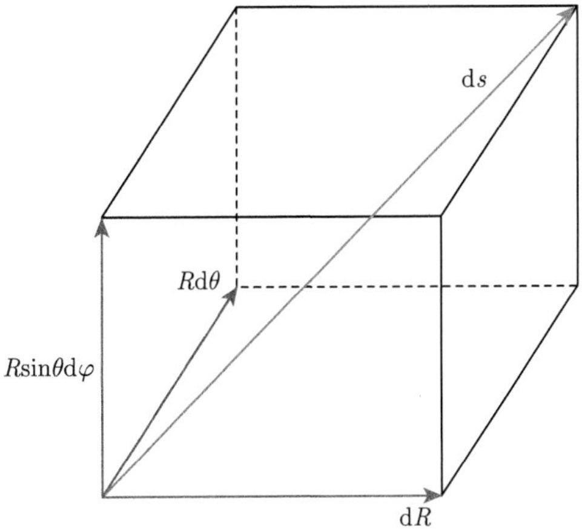

图 1-13 球坐标系中的线元增量

(5) 加速度

如图 1-14 所示，在空间中运动的任意一点的加速度包含切向加速度 $\boldsymbol{a}_\tau$ 和法向加速度 $\boldsymbol{a}_n$ 两部分，其方向分别沿着切向和法向 (其单位基矢量分别为 $\boldsymbol{\tau}$ 和 $\boldsymbol{n}$)，即

$$\boldsymbol{a} = \boldsymbol{a}_\tau + \boldsymbol{a}_n$$

$$= a_\tau \boldsymbol{\tau} + a_n \boldsymbol{n} \tag{1-103}$$

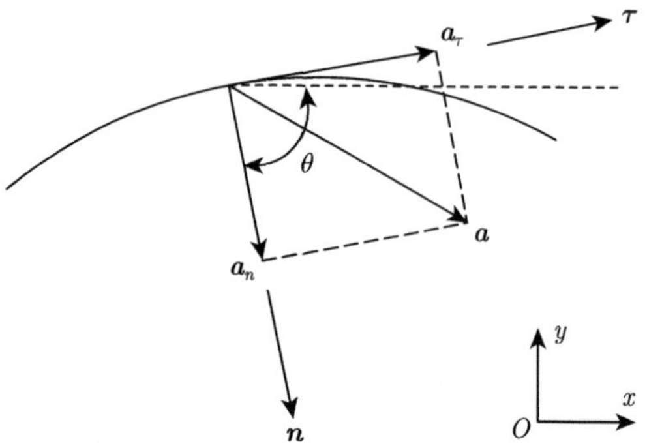

图 1-14　点的加速度

根据矢量点积和投影的物理含义，则切向加速度和法向加速度大小可以分别表示为

$$\begin{aligned} a_\tau &= \boldsymbol{a} \cdot \boldsymbol{\tau} \\ a_n &= \boldsymbol{a} \cdot \boldsymbol{n} \end{aligned} \tag{1-104}$$

进而有

$$\begin{aligned} \boldsymbol{a}_\tau &= \boldsymbol{a} \cdot \boldsymbol{\tau\tau} \\ \boldsymbol{a}_n &= \boldsymbol{a} \cdot \boldsymbol{nn} \end{aligned} \tag{1-105}$$

在这儿定义两个矢量并写在一起为并矢，如 $\boldsymbol{\tau\tau}$。类似地 $\boldsymbol{uv}$ 也为一个并矢，其值并不等于 $\boldsymbol{vu}$。在很多参考文献里面，并矢也用符号 $\otimes$ 来表示，如 $\boldsymbol{uv}$ 经常写为 $\boldsymbol{u} \otimes \boldsymbol{v}$。这个符号是由伟大的物理学家吉布斯首先提出的。

补注：吉布斯 (Josiah Willard Gibbs，1839~1903)，美国物理化学家、数学物理学家。他奠定了化学热力学的基础，提出了吉布斯自由能与吉布斯相律。他创立了向量分析并将其引入数学物理之中。他是统计物理的奠基人之一，曾被爱因斯坦称为 “美国历史上最伟大的头脑”。

在图 1-14 中所示的自然坐标系中，以弧长 s 为自变量，我们进一步推导加速度的表达式。首先有

$$\tau^2 = \boldsymbol{\tau} \cdot \boldsymbol{\tau} = 1 \tag{1-106}$$

则

$$\boldsymbol{\tau} \cdot \dot{\boldsymbol{\tau}} = 0 \tag{1-107}$$

其中字母上面点号通常代表对时间的导数。

由式 (1-103) 可知 $\boldsymbol{\tau}\perp\dot{\boldsymbol{\tau}}$，且平行于 $\boldsymbol{n}$，则全加速度为

$$\begin{aligned}\boldsymbol{a} &= \dot{\boldsymbol{v}}\\ &= \dot{v}\boldsymbol{\tau} + v\dot{\boldsymbol{\tau}}\\ &= a_{\tau}\boldsymbol{\tau} + a_n\boldsymbol{n}\end{aligned} \tag{1-108}$$

具体地，由图中的几何关系可以得到

$$\begin{gathered}\boldsymbol{\tau} = \sin\theta\boldsymbol{i} + \cos\theta\boldsymbol{j}\\ \boldsymbol{n} = \cos\theta\boldsymbol{i} - \sin\theta\boldsymbol{j}\\ \frac{\mathrm{d}\boldsymbol{\tau}}{\mathrm{d}\theta} = \boldsymbol{n}\end{gathered} \tag{1-109}$$

故此

$$\begin{aligned}\dot{\boldsymbol{\tau}} &= \frac{\mathrm{d}\boldsymbol{\tau}}{\mathrm{d}\theta}\frac{\mathrm{d}\theta}{\mathrm{d}s}\dot{s}\\ &= \frac{v}{\rho}\boldsymbol{n}\end{aligned} \tag{1-110}$$

其中 $\dfrac{1}{\rho} = \dfrac{\mathrm{d}\theta}{\mathrm{d}s}$ 为该点处的曲线曲率。

因此加速度的最终表达式为

$$\begin{aligned}\dot{\boldsymbol{v}} &= a_{\tau}\boldsymbol{\tau} + a_n\boldsymbol{n}\\ &= \dot{v}\boldsymbol{\tau} + \frac{v^2}{\rho}\boldsymbol{n}\end{aligned} \tag{1-111}$$

例 3 点的简谐运动。已知空间中某一质点的加速度、速度和矢径之间存在以下关系：

$$\boldsymbol{a} = \dot{\boldsymbol{v}} = \ddot{\boldsymbol{r}} \tag{1-112}$$

若

$$\boldsymbol{r} = A\sin\omega t\boldsymbol{i} + B\cos\omega t\boldsymbol{j} \tag{1-113}$$

其中 A 和 B 为常数，$\sqrt{A^2+B^2}$ 表示振幅，ω 为圆频率，则有

$$\boldsymbol{v} = \dot{\boldsymbol{r}} = \omega A\cos\omega t\boldsymbol{i} - \omega B\sin\omega t\boldsymbol{j} \tag{1-114}$$

$$\boldsymbol{a}=\ddot{\boldsymbol{r}}=-\omega^2 A\sin\omega t\boldsymbol{i}-\omega^2 B\cos\omega t\boldsymbol{j}=-\omega^2\boldsymbol{r} \tag{1-115}$$

故该点满足的方程为

$$\ddot{\boldsymbol{r}}+\omega^2\boldsymbol{r}=\boldsymbol{0} \tag{1-116}$$

此即采用矢量表达的质点的简谐振动方程。例如，对于某一沿着 x 方向振动的质点，其方程写为

$$\ddot{x}+\omega^2 x=0 \tag{1-117}$$

而其三维表示为

$$\begin{cases}\ddot{x}+\omega^2 x=0\\ \ddot{y}+\omega^2 y=0\\ \ddot{z}+\omega^2 z=0\end{cases} \tag{1-118}$$

将式 (1-116) 两边同时点积一个 $\dot{\boldsymbol{r}}$，则有

$$\ddot{\boldsymbol{r}}\cdot\dot{\boldsymbol{r}}=-\omega^2\boldsymbol{r}\cdot\dot{\boldsymbol{r}} \tag{1-119}$$

则进一步有

$$\frac{1}{2}\dot{\boldsymbol{r}}^2=C-\frac{1}{2}\omega^2\boldsymbol{r}^2 \tag{1-120}$$

对于弹簧质量系统，则有

$$\frac{1}{2}\dot{x}^2=C-\frac{1}{2}\omega^2 x^2 \tag{1-121}$$

其中 $\omega^2=k/m$，k 和 m 分别为弹簧的刚度和质量块的质量，而 ω 则称为系统的固有频率。进而又有

$$\frac{1}{2}m\dot{x}^2+\frac{1}{2}kx^2=C \tag{1-122}$$

此式表示在整个振动过程中，系统的机械能守恒。

(6) 固体截面上的内力

在连续介质力学中，通常采用截面法分析物体的内力，即假想地把物体截开(图 1-15)，则在该连续体暴露出来的截面上分布有一个力系。将该力系向截面内一点简化，可以得到一个力 $\boldsymbol{R}$ 和一个力偶 $\boldsymbol{M}$。若截面的法向单位矢量为 $\boldsymbol{n}$，切向单位矢量为 $\boldsymbol{\tau}$，则沿着这两个方向的力分别为

$$\begin{aligned}\boldsymbol{R}_n&=\boldsymbol{R}\cdot\boldsymbol{n}\boldsymbol{n}\\ \boldsymbol{R}_\tau&=\boldsymbol{R}\cdot\boldsymbol{\tau}\boldsymbol{\tau}\end{aligned} \tag{1-123}$$

亦即

$$\begin{aligned} R_n &= \boldsymbol{R}\cdot\boldsymbol{n} \\ R_\tau &= \boldsymbol{R}\cdot\boldsymbol{\tau} \end{aligned} \tag{1-124}$$

进一步有

$$\begin{aligned} R_x &= R_\tau\boldsymbol{\tau}\cdot\boldsymbol{i} \\ R_y &= R_\tau\boldsymbol{\tau}\cdot\boldsymbol{j} \end{aligned} \tag{1-125}$$

其中 x、y 分别为横截面的形心坐标。

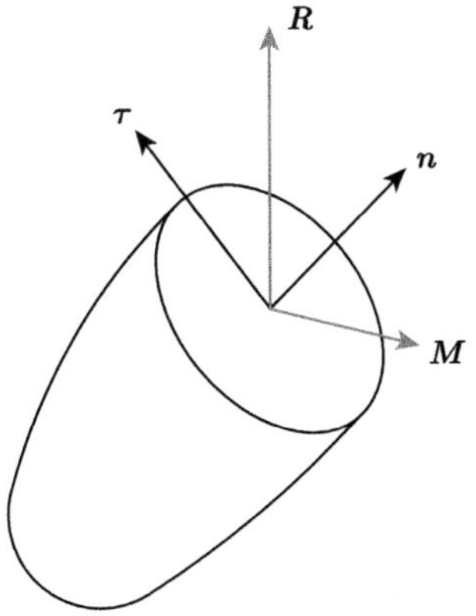

图 1-15 截面上的内力

类似，该力偶也可以写为

$$\begin{aligned} \boldsymbol{M}_n &= \boldsymbol{M}\cdot\boldsymbol{nn} \\ \boldsymbol{M}_\tau &= \boldsymbol{M}\cdot\boldsymbol{\tau\tau} \end{aligned} \tag{1-126}$$

则 $\boldsymbol{M}_n$ 对应着对该物体的扭矩，而 $\boldsymbol{M}_\tau$ 可以进一步沿着平面内的形心轴分解为两个分量，分别代表绕这两根形心轴的弯矩。进一步有

$$\begin{aligned} M_x &= M_\tau\boldsymbol{\tau}\cdot\boldsymbol{i} \\ M_y &= M_\tau\boldsymbol{\tau}\cdot\boldsymbol{j} \end{aligned} \tag{1-127}$$

(7) 速度投影定理

在理论力学中，如果刚体作平面运动，其上任意两点 A 和 B 的速度分别为 $\boldsymbol{v}_A$ 和 $\boldsymbol{v}_B$，则此两个速度在 AB 连线上的投影相等，此为速度投影定理。设 AB 方向的单位矢量为 $\boldsymbol{n}$，则有

$$\boldsymbol{v}_A\cdot\boldsymbol{n} = \boldsymbol{v}_B\cdot\boldsymbol{n} \tag{1-128}$$

这一定理实际上反映了刚体自身的固有属性，即其内部任意两点的连线长度始终不变，故而此两点沿着其连线方向的速度时刻相等。

进一步，由基点法，有加速度合成定理

$$\boldsymbol{a}_B = \boldsymbol{a}_A + \boldsymbol{a}_{BA}^n + \boldsymbol{a}_{BA}^\tau \tag{1-129}$$

则有

$$\begin{aligned}\boldsymbol{a}_B \cdot \boldsymbol{n} &= \boldsymbol{a}_A \cdot \boldsymbol{n} + \boldsymbol{a}_{BA}^n \cdot \boldsymbol{n} + \boldsymbol{a}_{BA}^\tau \cdot \boldsymbol{n} \\ &= \boldsymbol{a}_A \cdot \boldsymbol{n} + \boldsymbol{a}_{BA}^n\end{aligned} \tag{1-130}$$

其表达形式与速度投影定理不同。

(8)*J*积分

在弹塑性断裂力学中的主要问题是确定一个能定量表征裂纹尖端应力、应变场强度的参量，它既能易于计算出来，又能通过实验测定出来。J 积分就是这样的一个理想的场参量，它是弹塑性断裂力学中一个与路径无关的积分，是 1967 年由 Cherepanov 和 1968 年由美国的 Rice 分别独立提出的，可作为裂纹或缺口顶端的应变场的平均度量。

如图 1-16 所示的线性或线弹性体平板，开有一穿透切口，围绕切口顶端点按逆时针方向做一围线 $\varGamma$，沿此围线作如下积分：

$$J = \int_{\varGamma} \left[W \mathrm{d}x_2 - \boldsymbol{T} \cdot \frac{\partial \boldsymbol{u}}{\partial x_1} \mathrm{d}s \right] \tag{1-131}$$

这个积分就叫做 J 积分。其中 W 是平面体内的应变能密度；$\boldsymbol{T}$ 为作用在回路上的张力矢量；$\boldsymbol{u}$ 为位移矢量；s 为沿的弧长；x_1、x_2 为图中所示的坐标。由于积分路径可以避开裂纹顶端，因而可用通常的力学计算方法来计算 J 积分的值。

近年来，J 积分已被推广应用于三维非线性弹性体的有限变形问题、有体积力和温度作用的问题以及考虑惯性力的问题。此外，它还被用来进行蠕变和疲劳裂纹扩展的分析。

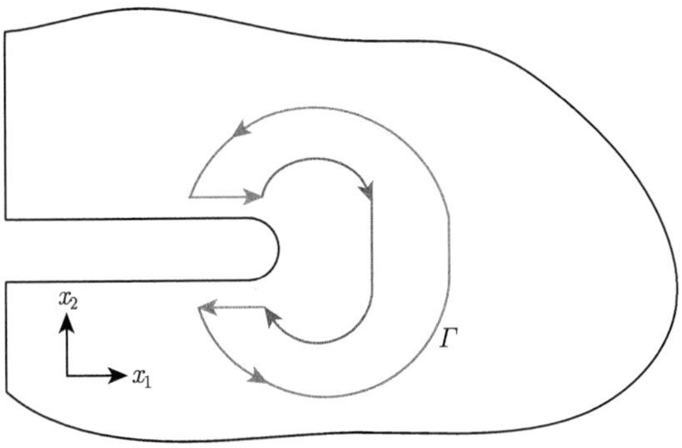

图 1-16 J 积分示意图

(9) 接触角

为了描述液体在固体表面上的浸润性质，英国科学家托马斯 · 杨 (Thomas Young，1773~1829) 引入了接触角这一力学量。杨氏接触角 θ_{Y} 定义为固/液/气三相交界面处固/液界面和液/气界面之间的夹角。对于某光滑表面上的一个液滴，若其接触角小于 90°，则称此表面为亲水表面，如图 1-17(a) 所示；若 θ_{Y} 大于 90°，则称为疏水表面，如图 1-17(b) 所示；当 θ_{Y} 大于 150° 时，一般称为超疏水表面。

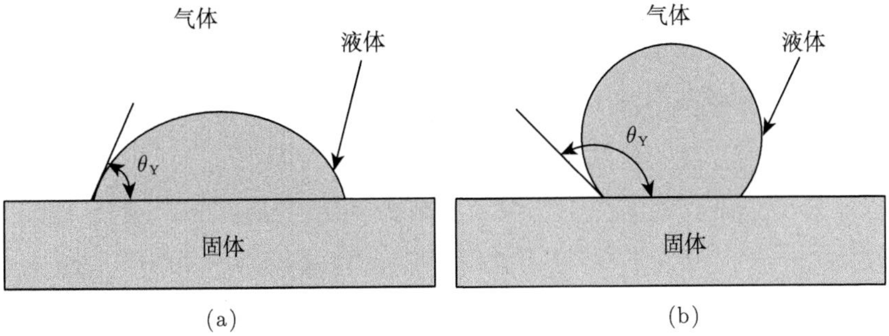

图 1-17 光滑基底上的液滴

(a) 基底亲水，$\theta_{\mathrm{Y}} < 90°$；(b) 基底疏水，$\theta_{\mathrm{Y}} > 90°$

但是实际的表面一般都是粗糙的 (图 1-18)，因此在固/液/气三个界面接触的地方 (称为三相线)，边界条件比较复杂，但是局部仍然需要满足杨氏接触角的关系，即

$$\cos\left(\theta_{\mathrm{Y}}-\phi\right)=\boldsymbol{m}\cdot\boldsymbol{n} \tag{1-132}$$

其中 $\boldsymbol{m}$ 和 $\boldsymbol{n}$ 分别为表面张力 γ 和水平方向的单位矢量。

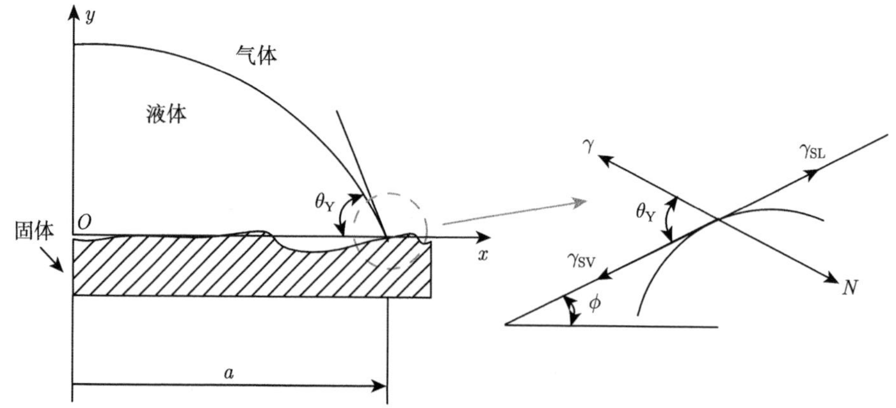

图 1-18 粗糙基底上的液滴的三相线

与接触角相关的问题就是由液体的表面张力引起的表面浸润现象，在我们的日常生活中是无处不在的。实际上，各种各样的浸润现象从方方面面影响着我们的衣食住行。例如，在衣着方面，我们希望穿的内衣对于汗液具有良好的浸润性能，穿起来才会感到舒适；而对于外衣，我们则不希望它容易被污水或油脂浸润，以免轻易弄脏。对于下雨时穿的雨衣，我们希望它有良好的防水效能，因此通常会涂上一些防水涂料，使它不容易被水所浸润——水滴一旦掉在它上面就会像水珠在荷叶上一样很容易滑掉或弹开。当衣服穿脏了需要洗涤的时候，要用洗衣粉溶于水来进行清洗——洗衣粉的作用就是通过改变水的表面张力，使污垢容易脱离衣服表面。在饮食方面浸润性也显得非常重要，因为品味和消化的必要条件就是食物必须易于被消化液所浸润。另外，建造房屋时我们用灰浆作为黏合填充物来砌砖墙，同时在扎好的钢筋骨架中浇注混凝土，都利用了材料的浸润性能，使填充物和骨架接触密实，从而结合得更加牢固。为了保证涂料良好的质量，使它们涂上后不掉皮、不起泡，就需要它们与被涂物之间有充分的浸润性。要改善土壤的吸水性能，必须设法改良水对土壤颗粒的浸润性能。我们每天用钢笔或毛笔写字时，笔尖必须具备适当的对墨水的浸润作用。而我们身体的一些器官也显示了奇妙的浸润特性，如眼泪对眼睛有很好的浸润性以润湿眼球，从而缓解眼睛的疲劳，保护视力。再比如用来擦汗的纸巾、吸汗的灯芯绒运动衫、擦地的海绵、具有疏松多孔结构的砖块和粉笔等，都很容易吸收汗液、水分以及油滴等。作为盆景的假山，可以利用毛细力的输运作用使假山上的植物得到充足的水分。类似地，植物的生长也是利用体内的毛细管把土壤中的水和养分吸收到有机体中。

表面的浸润性能对于工业应用具有重要的实际意义。例如，浸润性对于化妆品的润湿皮肤性能、胶卷表面感光物质的均匀涂布、石油和天然气的驱替和回收、汽车工业中的镀层与涂层、农药的配制、矿物的浮选等都起着重要作用。另外，在彩色感光材料和录音、录像磁带的生产过程中，都要将配制好的感光材料涂液或磁浆，快速而均匀地涂布到固体薄片基上，然后再经过干燥、裁剪、整理等工序包装成产品。能不能又快又均匀地将感光材料涂到胶片上去，就与所涂液体能否在固体薄片基 (通常是采用涤纶薄膜片基) 上润湿，并能迅速铺展开来密切相关。再有一个例子是，现在比较讲究的印刷纸张，表面通常要加上一层薄薄的涂料，其涂布过程也要考虑涂液对纸基必须具备良好的润湿性能。在印刷过程中，要又快又好地印出多彩的图案来，各种油墨对纸张也需要具有良好的润湿性能。类似的问题还有，墙壁的刷浆、家具的刷漆、胶带的黏合等，都需要使液体具有良好的润湿性能。而机器上涂抹的润滑油由于具有好的浸润性，从而可以通过孔隙进入机器零部件中去润滑。采矿的时候，为了防止矿尘颗粒的弥漫，需要实现喷洒雾滴以湿润这些颗粒。

2. 叉积 (叉乘、矢积) 和混合积

在笛卡儿直角坐标系中，两个矢量 $\boldsymbol{u}=u_x\boldsymbol{i}+u_y\boldsymbol{j}+u_z\boldsymbol{k}$ 和 $\boldsymbol{v}=v_x\boldsymbol{i}+v_y\boldsymbol{j}+v_z\boldsymbol{k}$ 的叉积定义为

$$\begin{aligned}\boldsymbol{u}\times\boldsymbol{v}&=\begin{vmatrix}\boldsymbol{i}&\boldsymbol{j}&\boldsymbol{k}\\u_x&u_y&u_z\\v_x&v_y&v_z\end{vmatrix}\\&=(u_xv_y-u_yv_x)\,\boldsymbol{k}+(u_yv_z-u_zv_y)\,\boldsymbol{i}+(u_zv_x-u_xv_z)\,\boldsymbol{j}\\&=-\boldsymbol{v}\times\boldsymbol{u}\end{aligned}\tag{1-133}$$

即叉积定义了另外一个新的矢量，其垂直于 $\boldsymbol{u}$ 和 $\boldsymbol{v}$ 所在的平面，方向根据右手螺旋法则来确定 (其几何意义如图 1-19 所示)。

如果 $\boldsymbol{u}$ 和 $\boldsymbol{v}$ 的夹角为 θ，则其叉积所得矢量的大小为

$$|\boldsymbol{u}\times\boldsymbol{v}|=uv\sin\theta\tag{1-134}$$

其物理意义即为图 1-19 所示的平行四边形的面积。

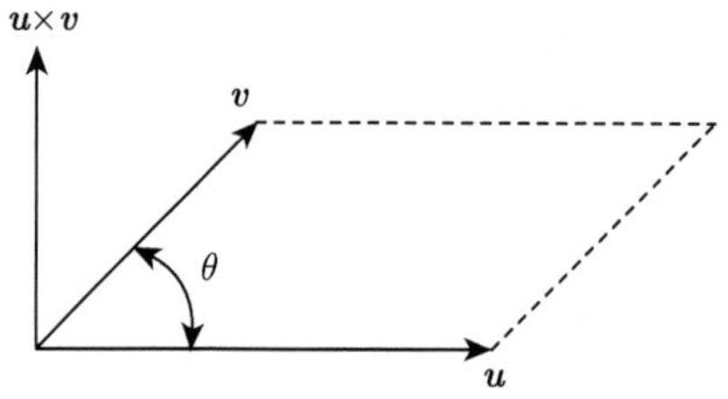

图 1-19　叉积

叉积也满足分配律，即

$$\boldsymbol{w}\times(\boldsymbol{u}+\boldsymbol{v})=\boldsymbol{w}\times\boldsymbol{u}+\boldsymbol{w}\times\boldsymbol{v} \tag{1-135}$$

下面我们看看在任意曲线坐标系中叉积的表达式。根据协变基矢量和逆变基矢量的定义，我们知道 $\boldsymbol{g}^3$ 垂直于 $\boldsymbol{g}_1$ 和 $\boldsymbol{g}_2$，故令 $\boldsymbol{g}^3=a\boldsymbol{g}_1\times\boldsymbol{g}_2$，则有

$$1=\boldsymbol{g}^3\cdot\boldsymbol{g}_3=a\boldsymbol{g}_1\times\boldsymbol{g}_2\cdot\boldsymbol{g}_3 \tag{1-136}$$

定义

$$\boldsymbol{g}_1\times\boldsymbol{g}_2\cdot\boldsymbol{g}_3=[\boldsymbol{g}_1\ \boldsymbol{g}_2\ \boldsymbol{g}_3]=\sqrt{g} \tag{1-137}$$

为三个协变基矢量的混合积，则有 $a=\dfrac{1}{\sqrt{g}}$，故此

$$\begin{aligned}\boldsymbol{g}^3&=\frac{1}{\sqrt{g}}\boldsymbol{g}_1\times\boldsymbol{g}_2\\ \boldsymbol{g}^2&=\frac{1}{\sqrt{g}}\boldsymbol{g}_3\times\boldsymbol{g}_1\\ \boldsymbol{g}^1&=\frac{1}{\sqrt{g}}\boldsymbol{g}_2\times\boldsymbol{g}_3\end{aligned} \tag{1-138}$$

类似地，可以得到其他关系

$$\begin{aligned}\boldsymbol{g}_3&=\sqrt{g}\boldsymbol{g}^1\times\boldsymbol{g}^2\\ \boldsymbol{g}_2&=\sqrt{g}\boldsymbol{g}^3\times\boldsymbol{g}^1\\ \boldsymbol{g}_1&=\sqrt{g}\boldsymbol{g}^2\times\boldsymbol{g}^3\end{aligned} \tag{1-139}$$

定义排列符号 (或称 Ricci 符号、置换符号)

$$e_{ijk}=e^{ijk}=\begin{cases}1 & (i,j,k\text{顺序排列})\\ -1 & (i,j,k\text{逆序排列})\\ 0 & (i,j,k\text{非序排列})\end{cases} \tag{1-140}$$

这组数中有 27 个分量，每组中只有 6 个非零，其余为零，例如

$$e_{123}=e_{231}=e_{312}=1 \tag{1-141}$$

$$e_{132}=e_{321}=e_{213}=-1 \tag{1-142}$$

$$e_{111}=e_{112}=e_{113}=0 \tag{1-143}$$

同时引进符号

$$\in_{ijk}=\sqrt{g}e_{ijk} \tag{1-144}$$

$$\in^{ijk}=\frac{1}{\sqrt{g}}e^{ijk} \tag{1-145}$$

则

$$\boldsymbol{g}_i\times\boldsymbol{g}_j=\in_{ijk}\ \boldsymbol{g}^k \tag{1-146}$$

$$\boldsymbol{g}^i\times\boldsymbol{g}^j=\in^{ijk}\ \boldsymbol{g}_k \tag{1-147}$$

上式简单证明如下：

$$\delta_i^j=g_{ik}g^{kj} \tag{1-148}$$

$$1=\det\left(g_{ik}\right)\det\left(g^{kj}\right) \tag{1-149}$$

并且

$$\det\left(g_{ik}\right)=\begin{vmatrix} g_{11} & g_{12} & g_{13}\\ g_{21} & g_{22} & g_{23}\\ g_{31} & g_{32} & g_{33}\end{vmatrix}=\left[\boldsymbol{g}_1\ \boldsymbol{g}_2\ \boldsymbol{g}_3\right]^2=g \tag{1-150}$$

$$\det\left(g^{ik}\right)=\begin{vmatrix} g^{11} & g^{12} & g^{13}\\ g^{21} & g^{22} & g^{23}\\ g^{31} & g^{32} & g^{33}\end{vmatrix}=\left[\boldsymbol{g}^1\ \boldsymbol{g}^2\ \boldsymbol{g}^3\right]^2 \tag{1-151}$$

故而

$$\left[g^1\ g^2\ g^3\right]=\frac{1}{\sqrt{g}} \tag{1-152}$$

由此，两个矢量 $\boldsymbol{u}$ 和 $\boldsymbol{v}$ 的叉积可以写为

$$\begin{aligned}\boldsymbol{u}\times\boldsymbol{v}&=u^i\boldsymbol{g}_i\times v^j\boldsymbol{g}_j\\&=\in_{ijk}\ u^iv^j\boldsymbol{g}^k\\&=u_i\boldsymbol{g}^i\times v_j\boldsymbol{g}^j\end{aligned}$$

$$= \in^{ijk} u_i v_j \boldsymbol{g}_k \tag{1-153}$$

三个矢量 $\boldsymbol{u}$、$\boldsymbol{v}$、$\boldsymbol{w}$ 的混合积可以写为

$$\begin{aligned}[\boldsymbol{u}\ \boldsymbol{v}\ \boldsymbol{w}] &= \boldsymbol{u}\times\boldsymbol{v}\cdot\boldsymbol{w}\\ &= \in_{ijk} u^i v^j w^k\\ &= \in^{ijk} u_i v_j w_k\\ &= [\boldsymbol{v}\ \boldsymbol{w}\ \boldsymbol{u}]\\ &= [\boldsymbol{w}\ \boldsymbol{u}\ \boldsymbol{v}]\\ &= \sqrt{g}\begin{vmatrix} u^1 & u^2 & u^3\\ v^1 & v^2 & v^3\\ w^1 & w^2 & w^3\end{vmatrix}\end{aligned} \tag{1-154}$$

混合积的物理意义就是以矢量 $\boldsymbol{u}$、$\boldsymbol{v}$、$\boldsymbol{w}$ 的大小为边长的平行六面体的体积。

例如，在连续介质力学中，如果要研究某一点的应力状态，通常取一个小的微元体，其三边分别由 $\mathrm{d}\boldsymbol{r}$、$\mathrm{d}\boldsymbol{s}$ 和 $\mathrm{d}\boldsymbol{t}$ 三个矢量表示 (图 1-20)，则微元体的体积可以表示为

$$[\mathrm{d}\boldsymbol{r}\ \mathrm{d}\boldsymbol{s}\ \mathrm{d}\boldsymbol{t}] = \mathrm{d}\boldsymbol{r}\times\mathrm{d}\boldsymbol{s}\cdot\mathrm{d}\boldsymbol{t} = \in^{ijk} \mathrm{d}r_i \mathrm{d}s_j \mathrm{d}t_k = \in_{ijk} \mathrm{d}r^i \mathrm{d}s^j \mathrm{d}t^k \tag{1-155}$$

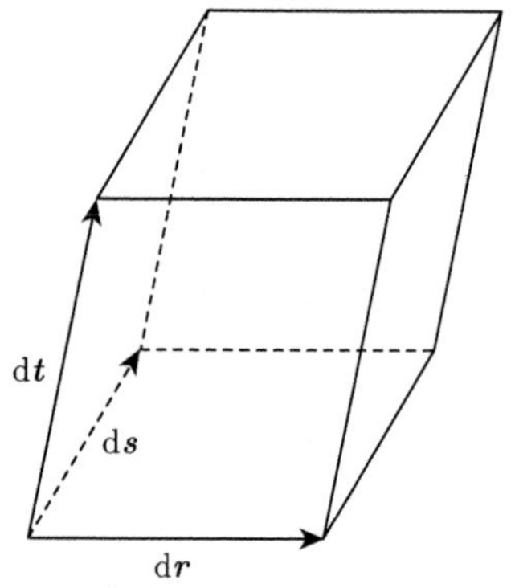

图 1-20　微元体

两个矢量的点积和叉积的现代表达形式是由吉布斯和海维赛德 (Oliver Heaviside，1850~1925) 在 19 世纪八九十年代彼此独立地引入的。因此，现代矢量也被称为 Gibbs-Heaviside 矢量。

在工程力学中，关于矢量的叉积还有如下实例。

(1) 力对点之矩

空间中任意一点的矢径为 $\boldsymbol{r}$，作用在该点的力 $\boldsymbol{F}$ 对原点 O 之矩为

$$\begin{aligned}\boldsymbol{M}_O(\boldsymbol{F}) &= \boldsymbol{r}\times\boldsymbol{F}\\ &= \in^{ijk} r_i F_j \boldsymbol{g}_k\\ &= \in_{ijk} r^i F^j \boldsymbol{g}^k\end{aligned} \tag{1-156}$$

(2) 质点的动量矩

空间中任意一点的矢径为 $\boldsymbol{r}$，在该点的质点质量为 m，速度为 $\boldsymbol{v}$，则该点对于原点 O 的动量矩为

$$\begin{aligned}\boldsymbol{L}_O &= \boldsymbol{r}\times m\boldsymbol{v}\\ &= m \in^{ijk} r_i v_j \boldsymbol{g}_k\\ &= m \in_{ijk} r^i v^j \boldsymbol{g}^k\end{aligned} \tag{1-157}$$

(3) 哥氏加速度

在研究点的合成运动时，如果牵连运动为转动，其角速度为 ω_e，并且点的相对速度为 v_r，则其哥氏加速度为

$$\begin{aligned}\boldsymbol{a}_k &= 2\boldsymbol{\omega}_e\times\boldsymbol{v}_r\\ &= 2 \in^{ijk} \omega_{ei} v_{rj} \boldsymbol{g}_k\\ &= 2 \in_{ijk} \omega_e^i v_r^j \boldsymbol{g}^k\end{aligned} \tag{1-158}$$

(4) 做定轴转动刚体上点的速度

如图 1-21 所示，刚体以角速度 $\boldsymbol{\omega}$ 做定轴转动，则其上面任意一点做圆周运动，该点到转动轴的距离为 R，该点的矢径为 $\boldsymbol{r}$，二者夹角为 θ。则该点的速度方向垂直于半径 R，也垂直于 ω，即垂直于二者确定的平面，所以可知 $\boldsymbol{v}\perp\boldsymbol{r}$，其大小为

$$\begin{aligned}v &= \omega R\\ &= \omega r\sin\theta\end{aligned} \tag{1-159}$$

因此可得

$$\boldsymbol{v} = \boldsymbol{\omega}\times\boldsymbol{r}$$

$$= \in_{ijk}\ \omega^i r^j \boldsymbol{g}^k$$

$$= \in^{ijk}\ \omega_i r_j \boldsymbol{g}_k \tag{1-160}$$

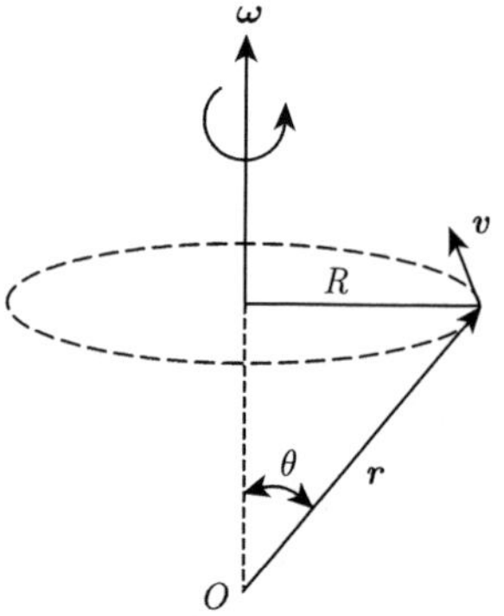

图 1-21　刚体定轴转动时上面任一点的速度

(5) 库仑力

一个带电量为 e、速度为 $\boldsymbol{v}$ 的电荷在电磁场 (电场强度为 $\boldsymbol{E}$，磁场强度为 $\boldsymbol{B}$) 中所受的洛伦兹力为

$$\boldsymbol{F} = e\,(\boldsymbol{E} + \boldsymbol{v} \times \boldsymbol{B})$$

$$= e\left(E_k + \in_{ijk}\ v^i B^j\right)\boldsymbol{g}^k$$

$$= e\left(E^k + \in^{ijk}\ v_i B_j\right)\boldsymbol{g}_k \tag{1-161}$$

补注：洛伦兹 (Hendrik Antoon Lorentz，1853~1928)，近代卓越的理论物理学家、数学家，经典电子论的创立者。1895 年他提出了著名的洛伦兹力公式。1896 年，洛伦兹用电子论成功地解释了由莱顿大学的塞曼新近发现的原子光谱磁致分裂现象。洛伦兹断定该现象是由原子中负电子的振动引起的。他从理论上导出的负电子的荷质比，与汤姆孙翌年从阴极射线实验得到的结果相一致。由于塞曼效应的发现和解释，洛伦兹和塞曼分享了 1902 年度的诺贝尔奖。爱因斯坦对他的评价为：洛伦兹的成就 “对我产生了最伟大的影响”，他是 “我们时代最伟大、最高尚的人”。

(6) 笛卡儿直角坐标系

笛卡儿直角坐标系满足右手系，其三个基矢量 $\boldsymbol{e}_i$ 之间存在如下关系：

$$\begin{aligned}&\boldsymbol{e}_i\cdot\boldsymbol{e}_j=\delta_{ij}\\&\boldsymbol{e}_i\times\boldsymbol{e}_j=e_{ijk}\boldsymbol{e}_k\\&\boldsymbol{e}_i\times\boldsymbol{e}_j\cdot\boldsymbol{e}_k=e_{ijk}\end{aligned}\tag{1-162}$$

3. 理论力学中常见的力学量

理论力学课程主要包括静力学、运动学和动力学三部分内容，里面涉及大量的公式和方程。实际上对于该部分的大部分力学量，可以分为线量和角量两类，而这两类力学量之间的公式表达非常类似，它们之间具体的类比关系如表 1-1 所示。

表 1-1 中详细给出了三类力学量：运动量、惯性量和受力量。其中 $\boldsymbol{r}$ 为一点的矢径，s 为自然坐标系中的弧长，O 点为坐标原点。从表中可以看出，将其中的两个力学量适当组合，就可以得到新的力学量，如力、力矩、动量、冲量、动量矩、动能等都是其他基本力学量组合的结果。同时，表中最重要的定理有三个：牛顿定律(对应刚体的质心运动方程)、刚体绕定轴转动的微分方程和动能定理。

表 1-1 理论力学中线量与角量的类比关系

力学量	线量	角量	关系
位移	$\boldsymbol{r}=\boldsymbol{r}(t)$ $s=s(t)$	$\varphi=\varphi(t)$	$\mathrm{d}s=r\mathrm{d}\varphi$
速度	$\boldsymbol{v}=\dot{\boldsymbol{r}}$ $v=\dot{s}$	$\omega=\dot{\varphi}$	$v=\omega r$
加速度	$\boldsymbol{a}=\dot{\boldsymbol{v}}=\ddot{\boldsymbol{r}}$ $a_\tau=\dot{v}=\ddot{s}$	$\varepsilon=\dot{\omega}=\ddot{\varphi}$	$a_\tau=\varepsilon r$
惯性量	m	J	$J=\sum m_i r_i^2$
力	$\boldsymbol{F}=m\boldsymbol{a}$	$M=J\varepsilon$	$\boldsymbol{M}_O(\boldsymbol{F})=\boldsymbol{r}\times\boldsymbol{F}$ $\boldsymbol{L}_O=\boldsymbol{M}_O(m\boldsymbol{v})=\boldsymbol{r}\times(m\boldsymbol{v})$
动量	$\boldsymbol{P}=m\boldsymbol{v}$	$L_O=J\omega$	
动量定理	$\dfrac{\mathrm{d}\boldsymbol{P}}{\mathrm{d}t}=\sum\boldsymbol{F}$	$\dfrac{\mathrm{d}\boldsymbol{L}_O}{\mathrm{d}t}=\sum\boldsymbol{M}$	
动能	$T=\dfrac{1}{2}mv^2$	$T=\dfrac{1}{2}J\omega^2$	$\mathrm{d}T=\mathrm{d}W,\ T_2-T_1=W$
功	$T=\int_C F\mathrm{d}s$	$W=\int_\varphi M\mathrm{d}\varphi$	

此外，我们也可以定义其他一些量，例如

$$\boldsymbol{a}\cdot\boldsymbol{v}=(a_\tau\boldsymbol{\tau}+a_n\boldsymbol{n})\cdot v\boldsymbol{\tau}$$

$$
\begin{aligned}
&= a_\tau v \\
\boldsymbol{a} \times \boldsymbol{v} &= (a_\tau \boldsymbol{\tau} + a_n \boldsymbol{n}) \times v\boldsymbol{\tau} \\
&= a_n v \boldsymbol{b}
\end{aligned} \tag{1-163}
$$

其中 $\boldsymbol{b}=\boldsymbol{n}\times\boldsymbol{\tau}$。

1.3 坐标变换

同一个矢量可以在不同的坐标系中对不同的基矢量进行分解，在新旧坐标系中对逆变基矢量分解，得到同一矢量的不同协变分量；或者对协变基矢量进行分解，得到同一矢量不同的逆变分量。这些分量的表达形式虽然不同，但矢量实体不随坐标而变化。正如一个人穿了几件不同的衣服，表面上看起来不一样，但本质上那个人并没有改变。

设有一组旧坐标 x^i 以及一组新坐标 $x^{i'}$，它们之间的函数关系为 $x^i\left(x^{i'}\right)$ 或者 $x^{i'}\left(x^i\right)$。则矢量 $\boldsymbol{v}$ 在新旧坐标中的表达为

$$
\boldsymbol{v} = v^{i'}\boldsymbol{g}_{i'} = v_{i'}\boldsymbol{g}^{i'} = v^j\boldsymbol{g}_j = v_j\boldsymbol{g}^j \tag{1-164}
$$

其分量之间的坐标转换关系为

$$
\begin{aligned}
v^j &= \beta^j_{i'} v^{i'} \\
v_j &= \beta^{i'}_j v_{i'}
\end{aligned} \tag{1-165}
$$

其中 $\beta^j_{i'}$ 和 $\beta^{i'}_j$ 称为坐标转换系数。

新旧坐标的基矢量之间的转换关系为

$$
\begin{aligned}
\boldsymbol{g}^j &= \beta^j_{i'}\boldsymbol{g}^{i'} \\
\boldsymbol{g}_j &= \beta^{i'}_j\boldsymbol{g}_{i'} \\
\boldsymbol{g}_{i'} &= \beta^j_{i'}\boldsymbol{g}_j \\
\boldsymbol{g}^{i'} &= \beta^{i'}_j\boldsymbol{g}^j
\end{aligned} \tag{1-166}
$$

其中新的基矢量之间满足关系

$$
\delta^{j'}_{i'} = \boldsymbol{g}_{i'}\cdot\boldsymbol{g}^{j'} = \beta^k_{i'}\beta^{j'}_k \quad (i', j' = 1, 2, 3) \tag{1-167}
$$

特别地，如图 1-22 所示的直角坐标系 $O\text{-}xy$ 和 $O\text{-}x'y'$ 中，x 轴和 x' 轴存在一个夹角 ϕ，则任一矢量满足坐标变换关系 $v^{\beta}=B^{\beta}_{\alpha'}v^{\alpha'}$。则其中的坐标变换系数分别为

$$\cos\phi=\cos(x',x)=B^{1}_{1'}=B_{xx'} \tag{1-168}$$

$$-\sin\phi=\cos(x,y')=B^{1}_{2'}=B_{xy'} \tag{1-169}$$

$$\sin\phi=\cos(y',x)=B^{2}_{1'}=B_{yx'} \tag{1-170}$$

$$\cos\phi=\cos(y,y')=B^{2}_{2'}=B_{yy'} \tag{1-171}$$

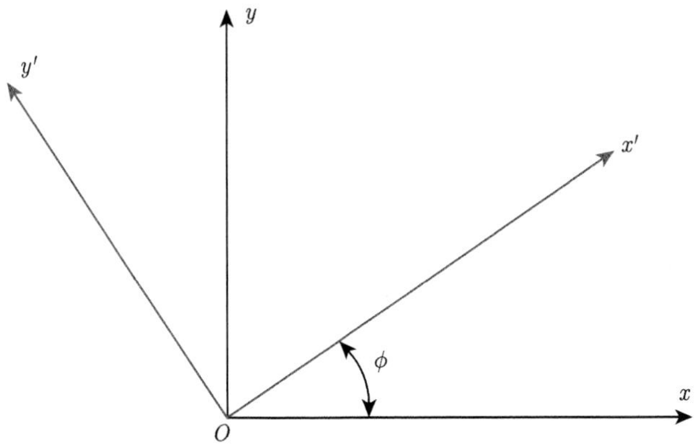

图 1-22 直角坐标系坐标变换

其对应的矩阵为

$$\begin{pmatrix}\cos\phi & -\sin\phi\\ \sin\phi & \cos\phi\end{pmatrix} \tag{1-172}$$

即

$$\begin{pmatrix}v_x\\ v_y\end{pmatrix}=\begin{pmatrix}\cos\phi & -\sin\phi\\ \sin\phi & \cos\phi\end{pmatrix}\begin{pmatrix}v'_x\\ v'_y\end{pmatrix} \tag{1-173}$$

$$\begin{pmatrix}v'_x\\ v'_y\end{pmatrix}=\begin{pmatrix}\cos\phi & \sin\phi\\ -\sin\phi & \cos\phi\end{pmatrix}\begin{pmatrix}v_x\\ v_y\end{pmatrix} \tag{1-174}$$

矢量的坐标变换在其他工程中也有极为广泛的应用，下面举两个实例。

(1) 电路电流

如图 1-23 所示，为一个电路，其三个支路中的电流为 i^k。根据电学中的基尔霍夫定律，如果令回路中的电流为 $i^{k'}$，则可以得到如下关系：

$$i^k=\beta^{k}_{j'}i^{j'} \tag{1-175}$$

把上式展开，可以得到

$$\begin{cases} i^1 = i^{1'} \\ i^2 = -i^{1'} + i^{2'} \\ i^3 = -i^{2'} \end{cases} \tag{1-176}$$

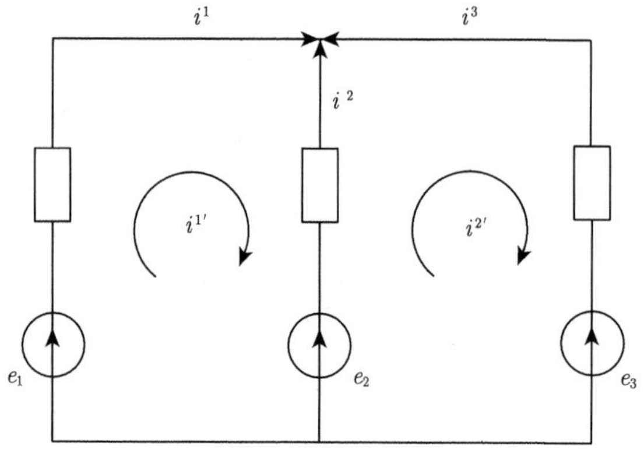

图 1-23　电路

(2) 极坐标

如图 1-24 所示，一个点在笛卡儿坐标系和极坐标系中有不同的坐标表达形式。如果把极坐标看作新坐标系，把笛卡儿坐标看作旧坐标系，则其两个坐标系的坐标之间存在一定的转换关系。

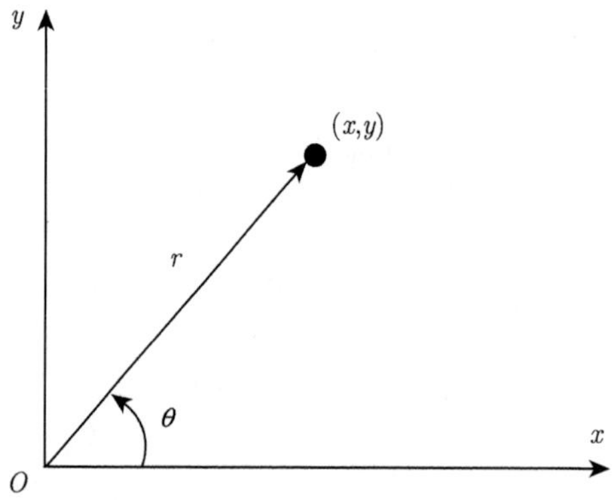

图 1-24　极坐标系

由图可知

$$
\begin{aligned}
&r^2 = x^2 + y^2 \\
&\tan\theta = \frac{y}{x} \\
&x = r\cos\theta \\
&y = r\sin\theta
\end{aligned} \tag{1-177}
$$

由此可得

$$
\begin{pmatrix} \dfrac{\partial}{\partial x} \\ \dfrac{\partial}{\partial y} \end{pmatrix} = \begin{pmatrix} \cos\theta & -\sin\theta \\ \sin\theta & \cos\theta \end{pmatrix} \begin{pmatrix} \dfrac{\partial}{\partial r} \\ \dfrac{1}{r}\dfrac{\partial}{\partial \theta} \end{pmatrix} \tag{1-178}
$$

$$
\begin{pmatrix} \dfrac{\partial}{\partial r} \\ \dfrac{1}{r}\dfrac{\partial}{\partial \theta} \end{pmatrix} = \begin{pmatrix} \cos\theta & \sin\theta \\ -\sin\theta & \cos\theta \end{pmatrix} \begin{pmatrix} \dfrac{\partial}{\partial x} \\ \dfrac{\partial}{\partial y} \end{pmatrix} \tag{1-179}
$$

若在直角坐标中，任意一点的位移为 u、v，在极坐标中其位移为 u_r、v_θ，则二者之间的关系为

$$
\begin{pmatrix} u_r \\ v_\theta \end{pmatrix} = \begin{pmatrix} \cos\theta & \sin\theta \\ -\sin\theta & \cos\theta \end{pmatrix} \begin{pmatrix} u \\ v \end{pmatrix} \tag{1-180}
$$

$$
\begin{pmatrix} u \\ v \end{pmatrix} = \begin{pmatrix} \cos\theta & -\sin\theta \\ \sin\theta & \cos\theta \end{pmatrix} \begin{pmatrix} u_r \\ v_\theta \end{pmatrix} \tag{1-181}
$$

再如，平面上某单位圆，其直角坐标方程为 $x^2 + y^2 = 1$，则圆的面积采用直角坐标和极坐标可以表示为

$$
\int_0^1 \int_0^{2\pi} r\mathrm{d}r\mathrm{d}\theta = 4\int_0^1 \int_0^{\sqrt{1-x^2}} \mathrm{d}x\mathrm{d}y \tag{1-182}
$$

习　题

1.1　已知 $\boldsymbol{u}, \boldsymbol{v}, \boldsymbol{w}$ 为矢量，且有关系 $\in^{ijk}\in_{ist} = e^{ijk}e_{ist} = \delta_s^j\delta_t^k - \delta_t^j\delta_s^k$。求证：$\boldsymbol{u} \times (\boldsymbol{v} \times \boldsymbol{w}) = (\boldsymbol{u} \cdot \boldsymbol{w})\,\boldsymbol{v} - (\boldsymbol{u} \cdot \boldsymbol{v})\,\boldsymbol{w}$。然后进一步求解 $\boldsymbol{u} \times (\boldsymbol{v} \times \boldsymbol{w})$ 和 $(\boldsymbol{u} \times \boldsymbol{v}) \times \boldsymbol{w}$。

1.2　已知 $\boldsymbol{A}, \boldsymbol{B}, \boldsymbol{C}, \boldsymbol{D}$ 为四个矢量，且 $\in^{ijk}\in_{ist} = e^{ijk}e_{ist} = \delta_s^j\delta_t^k - \delta_t^j\delta_s^k$。求证：$(\boldsymbol{A} \times \boldsymbol{B}) \times (\boldsymbol{C} \times \boldsymbol{D}) = \boldsymbol{B}\,(\boldsymbol{A} \cdot \boldsymbol{C} \times \boldsymbol{D}) - \boldsymbol{A}\,(\boldsymbol{B} \cdot \boldsymbol{C} \times \boldsymbol{D}) = \boldsymbol{C}\,(\boldsymbol{A} \cdot \boldsymbol{B} \times \boldsymbol{D}) - \boldsymbol{D}\,(\boldsymbol{A} \cdot \boldsymbol{B} \times \boldsymbol{C})$。

1.3　已知：矢量 $\boldsymbol{u}$，$\boldsymbol{v}$，求证 $|\boldsymbol{u} \cdot \boldsymbol{v}| \leqslant |\boldsymbol{u}|\,|\boldsymbol{v}|$。

1.4　已知：矢量 $\boldsymbol{b}=3\boldsymbol{i}+11\boldsymbol{j}-2\boldsymbol{k}$，$\boldsymbol{c}=-\boldsymbol{i}+2\boldsymbol{j}+4\boldsymbol{k}$，$\boldsymbol{i},\boldsymbol{j},\boldsymbol{k}$ 为笛卡儿基；若将 $\boldsymbol{c}$ 分解为与 $\boldsymbol{b}$ 平行的矢量及垂直于 $\boldsymbol{b}$ 的矢量 $\boldsymbol{a}$ 之和，即 $\boldsymbol{c}=\boldsymbol{a}+m\boldsymbol{b}$。求 $\boldsymbol{a}$ 和 m(其中 $\boldsymbol{b}\cdot\boldsymbol{a}=0$)。

1.5　利用 $\mathrm{d}\boldsymbol{r}=\boldsymbol{g}_i\mathrm{d}x^i$，证明 g_{ij} 是对称正定的。

1.6　已知：以 $\boldsymbol{i}$，$\boldsymbol{j}$，$\boldsymbol{k}$ 表示三维空间中的笛卡儿坐标基矢量，$\boldsymbol{g}_1=\boldsymbol{j}+\boldsymbol{k}$，$\boldsymbol{g}_2=\boldsymbol{i}+\boldsymbol{k}$，$\boldsymbol{g}_3=\boldsymbol{i}+\boldsymbol{j}$。(1) 求 $\boldsymbol{g}^1,\boldsymbol{g}^2,\boldsymbol{g}^3$ 以 $\boldsymbol{i}$，$\boldsymbol{j}$，$\boldsymbol{k}$ 表示的式子；(2) 求 g_{rs}；(3) 验算公式：$\boldsymbol{g}_j=g_{ji}\boldsymbol{g}^i$。

1.7　已知：$\boldsymbol{u}=12\boldsymbol{g}_1+13\boldsymbol{g}_2-\boldsymbol{g}_3$，$\boldsymbol{v}=2\boldsymbol{g}_1-3\boldsymbol{g}_2+4\boldsymbol{g}_3$，基矢量同上题。求：(1)$\boldsymbol{u}\cdot\boldsymbol{v}$；(2)$\boldsymbol{u}$，$\boldsymbol{v}$ 的协变分量。

1.8　已知：(1) 圆柱坐标系如习题 1.8 图 (a) 所示，$r=x^1,\theta=x^2,z=x^3$。(2) 球坐标系如习题 1.8 图 (b) 所示，$r=x^1,\theta=x^2,\varphi=x^3$。

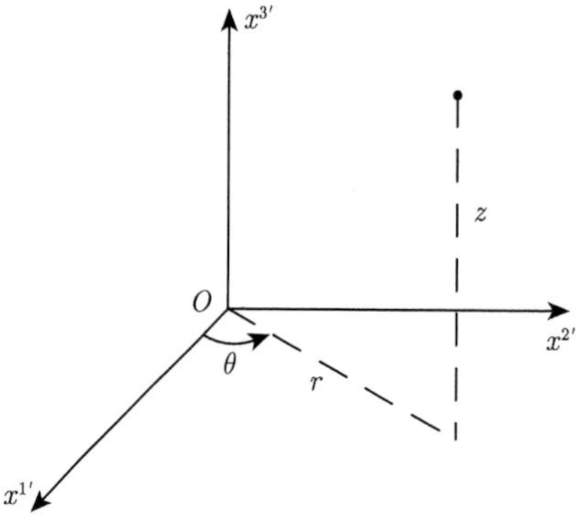

(a)

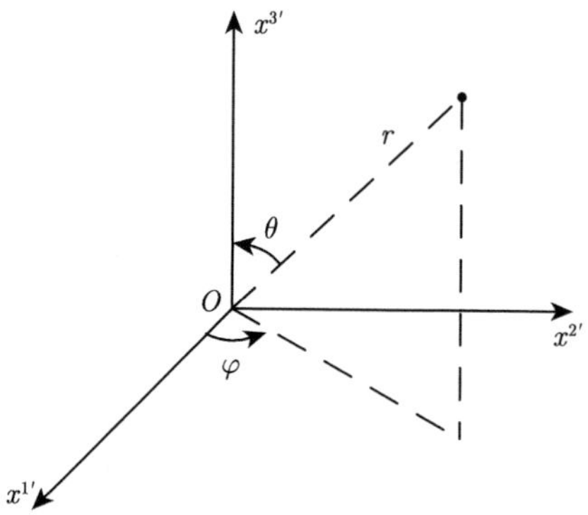

(b)

习题 1.8 图

在两种坐标系中，

(1) 求 $\boldsymbol{g}_i$ 通过笛卡儿基 $\boldsymbol{i}$，$\boldsymbol{j}$，$\boldsymbol{k}$ 的表达式，并画出简图。

(2) 求 $\boldsymbol{g}^i$，说明 $\boldsymbol{g}^i$ 与 $\boldsymbol{g}_i$ 的大小与方向有何关系。

(3) 由 $\boldsymbol{g}_i$ 求 $g_{ij},g^{ij},|\mathrm{d}\boldsymbol{r}|^2$。

(4) 直接由几何图形确定 $|\mathrm{d}\boldsymbol{r}|^2$，求 g_{ij}。

1.9　斜圆锥面上坐标系 $x^1=\theta,x^2=z,R,H,C$ 为已知 (见习题 1.9 图)。求：$\boldsymbol{g}_\alpha,g_{\alpha\beta},\boldsymbol{g}^\beta$ $(\alpha,\beta=1,2)$。

1.10　二维空间为半径为 R 的半球面，见习题 1.10 图，$x^1=\theta,x^2=z$。用两种方法求 $\boldsymbol{g}_\alpha,\boldsymbol{g}^\beta,g_{\alpha\beta}$，$g^{\alpha\beta}(\alpha,\beta=1,2)$。

1.11　已知：圆柱坐标系中、球坐标系中矢量的逆变分量 v^i。分别求两个坐标系中的协变分量 v_i。

1.12　求：习题 1.8 图所示圆柱坐标和球坐标 x^i 与笛卡儿坐标 $x^{j'}$ 的转换系数 $\beta^i_{j'}$ 和 $\beta^{j'}_i$。

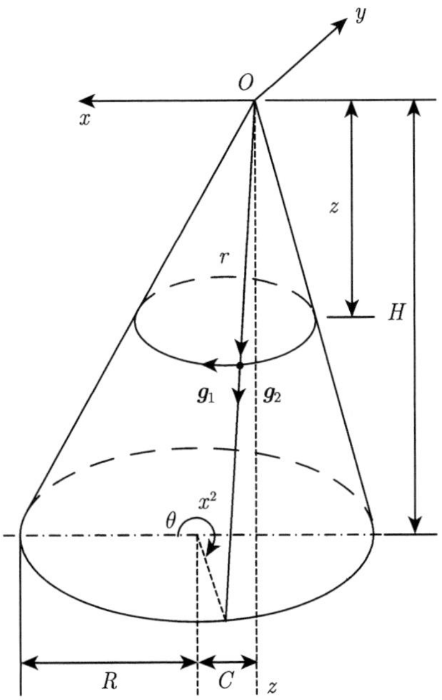

习题 1.9 图

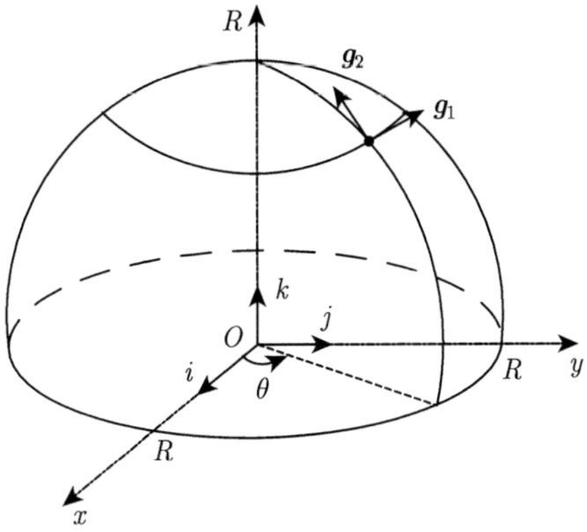

习题 1.10 图

1.13 (1) 已知：笛卡儿坐标中 $\boldsymbol{v}$ 的分量为 $v^{1'}, v^{2'}, v^{3'}$；求：圆柱坐标系中 $\boldsymbol{v}$ 的分量 v^1, v^2, v^3。

(2) 已知：笛卡儿坐标中 $\boldsymbol{v}$ 的分量为 $v_{1'}, v_{2'}, v_{3'}$。求：圆柱坐标系中 $\boldsymbol{v}$ 的分量 v_1, v_2, v_3。

第 2 章 张　　量

2.1 张量的定义

第 1 章中讲到的矢量，其分量满足一定的坐标变换关系。由此进一步定义由若干个当坐标系改变时，满足坐标转换关系的有序数组成的集合为张量。例如，一个由 9 个有序数组成的集合 $T(i,\,j)$ $(i,\,j=1,2,3)$，在坐标变换时，这组数按照以下坐标转换关系而变化：

$$T\left(i',j'\right)=\beta_k^{i'}\beta_l^{j'}T\left(k,l\right)\quad\left(i',j'=1,2,3\right)\tag{2-1}$$

则这组有序数的集合就是张量。

张量可以写成各个分量与基矢量的组合。如在同一个坐标系内，二阶张量可以写为

$$\begin{aligned}\boldsymbol{T}&=T^{ij}\boldsymbol{g}_i\boldsymbol{g}_j\\&=T_{ij}\boldsymbol{g}^i\boldsymbol{g}^j\\&=T^{i}_{\cdot j}\boldsymbol{g}_i\boldsymbol{g}^j\\&=T_{i}^{\cdot j}\boldsymbol{g}^i\boldsymbol{g}_j\end{aligned}\tag{2-2}$$

其中 T^{ij} 为逆变分量，T_{ij} 为协变分量，$T^{i}_{\cdot j}$ 和 $T_{i}^{\cdot j}$ 为混变分量。上式中的左侧为张量的实体形式，右侧为其分量形式。

若 $\boldsymbol{T}$ 为三阶张量，则可以写为

$$\begin{aligned}\boldsymbol{T}&=T^{ijk}\boldsymbol{g}_i\boldsymbol{g}_j\boldsymbol{g}_k\\&=T_{ijk}\boldsymbol{g}^i\boldsymbol{g}^j\boldsymbol{g}^k\\&=T^{ij}_{\cdot\cdot k}\boldsymbol{g}_i\boldsymbol{g}_j\boldsymbol{g}^k\\&=T_{i}^{\cdot jk}\boldsymbol{g}^i\boldsymbol{g}_j\boldsymbol{g}_k\end{aligned}\tag{2-3}$$

举一个具体的例子：力学中的柯西应力概念，即一点处的应力就是一个二阶张

量。如果在笛卡儿直角坐标系中，应力张量可以写为

$$\boldsymbol{\sigma} = \sigma_{ij}\boldsymbol{e}_i\boldsymbol{e}_j \tag{2-4}$$

其中 e_i 为直角坐标中的单位基矢量。此时，在笛卡儿直角坐标系中，张量的协变分量和逆变分量的差别取消。则其对应的矩阵为

$$[\boldsymbol{\sigma}] = \begin{pmatrix} \sigma_{11} & \sigma_{12} & \sigma_{13} \\ \sigma_{21} & \sigma_{22} & \sigma_{23} \\ \sigma_{31} & \sigma_{32} & \sigma_{33} \end{pmatrix} \tag{2-5}$$

或者

$$[\boldsymbol{\sigma}] = \begin{pmatrix} \sigma_x & \tau_{xy} & \tau_{xz} \\ \tau_{yx} & \sigma_y & \tau_{yz} \\ \tau_{zx} & \tau_{zy} & \sigma_z \end{pmatrix} \tag{2-6}$$

其前侧、右侧和上侧三个面上的分量如图 2-1 所示，根据对称性可知其他三个面上的应力分量。

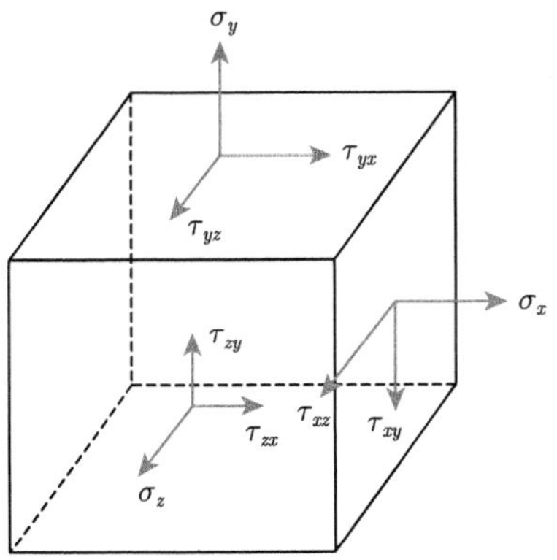

图 2-1　一点的应力状态

类似，在笛卡儿直角坐标系中，应变张量可以写为

$$\boldsymbol{\varepsilon} = \varepsilon_{ij}\boldsymbol{e}_i\boldsymbol{e}_j \tag{2-7}$$

则其对应的矩阵为

$$[\boldsymbol{\varepsilon}] = \begin{pmatrix} \varepsilon_{11} & \varepsilon_{12} & \varepsilon_{13} \\ \varepsilon_{21} & \varepsilon_{22} & \varepsilon_{23} \\ \varepsilon_{31} & \varepsilon_{32} & \varepsilon_{33} \end{pmatrix} \tag{2-8}$$

或者

$$
[\varepsilon] = \begin{pmatrix} \varepsilon_x & \varepsilon_{xy} & \varepsilon_{xz} \\ \varepsilon_{yx} & \varepsilon_y & \varepsilon_{yz} \\ \varepsilon_{zx} & \varepsilon_{zy} & \varepsilon_z \end{pmatrix} \tag{2-9}
$$

补注：柯西 (Augustin Louis Cauchy，1789~1857)，出生于巴黎，法国数学家、物理学家、天文学家。由于家庭的原因，柯西本人属于拥护波旁王朝的正统派，是一位虔诚的天主教徒。柯西在幼年时，他的父亲常带领他到法国参议院内的办公室，并且在那里指导他进行学习，因此他有机会遇到参议员拉普拉斯 (Pierre Simon Laplace，1749~1827) 和拉格朗日 (Joseph Louis Lagrange，1735~1813) 两位大数学家。他们对他的才能十分赏识，拉格朗日认为他将来必定会成为大数学家。柯西在数学上的最大贡献是在微积分中引进了极限概念，并以极限为基础建立了逻辑清晰的分析体系。柯西在其他方面的研究成果也很丰富，如复变函数的微积分理论就是由他创立的。他在代数、理论物理、光学、弹性理论方面也有突出贡献。柯西的数学成就不仅辉煌，而且数量惊人。柯西全集有 27 卷，其论著有 800 多篇，在数学史上是仅次于欧拉的多产数学家。他的光辉名字与许多定理、准则一起铭记在当今许多教材中。1857 年 5 月 23 日柯西在巴黎病逝。他临终的一句名言为："人总是要死的，但是，他们的业绩永存。"

二阶张量的各个分量之间存在指标升降关系，即协变分量和逆变分量通过指标升降符号可以调整位置，具体有

$$
\begin{aligned}
T^{ij} &= T_{rs} g^{ir} g^{js} \\
T_{ij} &= T^{rs} g_{ir} g_{js} \\
T^{i}_{\cdot j} &= T^{ik} g_{kj} \\
T_{i}^{\cdot j} &= T_{ik} g^{kj}
\end{aligned} \tag{2-10}
$$

在不同坐标系中，张量存在不同的分量形式。例如，在旧坐标系中，张量的分量为 T^{ij}、T_{ij}、$T^{i}_{\cdot j}$、$T_{i}^{\cdot j}$，在新坐标系中对应的分量为 $T^{i'j'}$、$T_{i'j'}$、$T^{i'}_{\cdot j'}$、$T_{i'}^{\cdot j'}$，则它们之间满足坐标转换关系

$$
\begin{aligned}
T^{i'j'} &= \beta^{i'}_{k} \beta^{j'}_{l} T^{kl} \\
T_{i'j'} &= \beta^{k}_{i'} \beta^{l}_{j'} T_{kl} \\
T^{i'}_{\cdot j'} &= \beta^{i'}_{k} \beta^{l}_{j'} T^{k}_{\cdot l} \\
T_{i'}^{\cdot j'} &= \beta^{k}_{i'} \beta^{j'}_{l} T_{k}^{\cdot l}
\end{aligned} \tag{2-11}
$$

具体地来看一个二阶张量，如应力的坐标变换。如图 2-2 所示，为两个笛卡儿新旧平面直角坐标系 $O\text{-}xy$、$O\text{-}x'y'$。对于平面问题，应力可以写为

$$\begin{aligned}\boldsymbol{\sigma} &= \sigma_{\alpha\beta}\boldsymbol{e}_\alpha\boldsymbol{e}_\beta \\ &= \sigma_{\alpha'\beta'}\boldsymbol{e}_{\alpha'}\boldsymbol{e}_{\beta'}\end{aligned} \tag{2-12}$$

其对应的应力矩阵为

$$[\boldsymbol{\sigma}] = \begin{pmatrix} \sigma_{11} & \sigma_{12} \\ \sigma_{21} & \sigma_{22} \end{pmatrix} \tag{2-13}$$

或者

$$[\boldsymbol{\sigma}] = \begin{pmatrix} \sigma_x & \tau_{xy} \\ \tau_{yx} & \sigma_y \end{pmatrix} \tag{2-14}$$

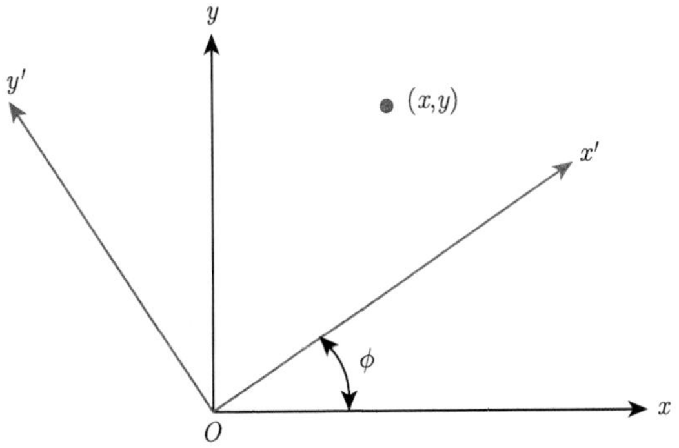

图 2-2 新旧坐标系

如图 2-2 所示，x 轴和 x' 轴之间的夹角为 ϕ，则有几何关系

$$\begin{aligned}\cos\phi = \cos(x',x) = \boldsymbol{e}_{x'}\cdot\boldsymbol{e}_x = \beta_{x'x} \\ -\sin\phi = \cos(y',x) = \boldsymbol{e}_{y'}\cdot\boldsymbol{e}_x = \beta_{y'x} \\ \sin\phi = \cos(x',y) = \boldsymbol{e}_{x'}\cdot\boldsymbol{e}_y = \beta_{x'y} \\ \cos\phi = \cos(y',y) = \boldsymbol{e}_{y'}\cdot\boldsymbol{e}_y = \beta_{y'y}\end{aligned} \tag{2-15}$$

则在新旧坐标系中，应力分量的转换关系有

$$\sigma_{\alpha'\beta'} = \beta_{\alpha'\alpha}\beta_{\beta'\beta}\sigma_{\alpha\beta} \tag{2-16}$$

写成矩阵形式为

$$\begin{pmatrix} \sigma_{x'} & \sigma_{x'y'} \\ \sigma_{y'x'} & \sigma_{y'} \end{pmatrix} = \begin{pmatrix} \cos\phi & \sin\phi \\ -\sin\phi & \cos\phi \end{pmatrix}\begin{pmatrix} \sigma_x & \sigma_{xy} \\ \sigma_{yx} & \sigma_y \end{pmatrix}\begin{pmatrix} \cos\phi & -\sin\phi \\ \sin\phi & \cos\phi \end{pmatrix} \tag{2-17}$$

其中切应力 $\sigma_{xy}=\tau_{xy}$。

类似地，在力学中，常见的二阶张量除了应力 $\boldsymbol{\sigma}$ 之外，还有应变 $\boldsymbol{\varepsilon}$ 以及惯性矩张量 $\boldsymbol{I}$ 等。根据上述坐标转换关系，则有

$$\begin{pmatrix} \varepsilon_{x'} & \varepsilon_{x'y'} \\ \varepsilon_{y'x'} & \varepsilon_{y'} \end{pmatrix} = \begin{pmatrix} \cos\phi & \sin\phi \\ -\sin\phi & \cos\phi \end{pmatrix} \begin{pmatrix} \varepsilon_{x} & \varepsilon_{xy} \\ \varepsilon_{yx} & \varepsilon_{y} \end{pmatrix} \begin{pmatrix} \cos\phi & -\sin\phi \\ \sin\phi & \cos\phi \end{pmatrix}$$
$$\begin{pmatrix} I_{x'} & I_{x'y'} \\ I_{y'x'} & I_{y'} \end{pmatrix} = \begin{pmatrix} \cos\phi & \sin\phi \\ -\sin\phi & \cos\phi \end{pmatrix} \begin{pmatrix} I_{x} & I_{xy} \\ I_{yx} & I_{y} \end{pmatrix} \begin{pmatrix} \cos\phi & -\sin\phi \\ \sin\phi & \cos\phi \end{pmatrix} \tag{2-18}$$

特别地，对于切应变有关系

$$\varepsilon_{xy}=\frac{1}{2}\gamma_{xy} \tag{2-19}$$

其中 γ_{xy} 为工程切应变。

将上述矩阵展开后就可以得到我们在弹性力学和材料力学中常见的表达式：

$$\begin{cases} \sigma_{x'}=\dfrac{\sigma_x+\sigma_y}{2}+\dfrac{\sigma_x-\sigma_y}{2}\cos 2\phi+\sigma_{xy}\sin 2\phi \\ \sigma_{y'}=\dfrac{\sigma_x+\sigma_y}{2}-\dfrac{\sigma_x-\sigma_y}{2}\cos 2\phi-\sigma_{xy}\sin 2\phi \\ \sigma_{x'y'}=-\dfrac{\sigma_x-\sigma_y}{2}\sin 2\phi+\sigma_{xy}\cos 2\phi \end{cases}$$
$$\begin{cases} \varepsilon_{x'}=\dfrac{\varepsilon_x+\varepsilon_y}{2}+\dfrac{\varepsilon_x-\varepsilon_y}{2}\cos 2\phi+\varepsilon_{xy}\sin 2\phi \\ \varepsilon_{y'}=\dfrac{\varepsilon_x+\varepsilon_y}{2}-\dfrac{\varepsilon_x-\varepsilon_y}{2}\cos 2\phi-\varepsilon_{xy}\sin 2\phi \\ \varepsilon_{x'y'}=-\dfrac{\varepsilon_x-\varepsilon_y}{2}\sin 2\phi+\varepsilon_{xy}\cos 2\phi \end{cases} \tag{2-20}$$
$$\begin{cases} I_{x'}=\dfrac{I_x+I_y}{2}+\dfrac{I_x-I_y}{2}\cos 2\phi+I_{xy}\sin 2\phi \\ I_{y'}=\dfrac{I_x+I_y}{2}-\dfrac{I_x-I_y}{2}\cos 2\phi-I_{xy}\sin 2\phi \\ I_{x'y'}=-\dfrac{I_x-I_y}{2}\sin 2\phi+I_{xy}\cos 2\phi \end{cases}$$

由上式同时可得

$$\begin{aligned} \sigma_{x'}+\sigma_{y'}&=\sigma_x+\sigma_y \\ \varepsilon_{x'}+\varepsilon_{y'}&=\varepsilon_x+\varepsilon_y \\ I_{x'}+I_{y'}&=I_x+I_y \end{aligned} \tag{2-21}$$

即对于对应矩阵，其对角线上的分量之和不随坐标系变化而变化。这个和通常定义为张量的迹，是一个标量，也是一个不变的数值。

假如新坐标是极坐标 (x'、y' 为 r、ϕ 坐标)，则可以得到经过坐标变换后极坐标中的应力表达式为

$$\begin{cases} \sigma_r = \dfrac{\sigma_x+\sigma_y}{2} + \dfrac{\sigma_x-\sigma_y}{2}\cos 2\phi + \sigma_{xy}\sin 2\phi \\ \sigma_\phi = \dfrac{\sigma_x+\sigma_y}{2} - \dfrac{\sigma_x-\sigma_y}{2}\cos 2\phi - \sigma_{xy}\sin 2\phi \\ \sigma_{r\phi} = -\dfrac{\sigma_x-\sigma_y}{2}\sin 2\phi + \sigma_{xy}\cos 2\phi \end{cases} \tag{2-22}$$

或者

$$\begin{pmatrix} \sigma_r & \sigma_{r\phi} \\ \sigma_{\phi r} & \sigma_\phi \end{pmatrix} = \begin{pmatrix} \cos\phi & \sin\phi \\ -\sin\phi & \cos\phi \end{pmatrix} \begin{pmatrix} \sigma_x & \sigma_{xy} \\ \sigma_{yx} & \sigma_y \end{pmatrix} \begin{pmatrix} \cos\phi & -\sin\phi \\ \sin\phi & \cos\phi \end{pmatrix} \tag{2-23}$$

反之，则有

$$\begin{pmatrix} \sigma_x & \sigma_{xy} \\ \sigma_{yx} & \sigma_y \end{pmatrix} = \begin{pmatrix} \cos\phi & -\sin\phi \\ \sin\phi & \cos\phi \end{pmatrix} \begin{pmatrix} \sigma_r & \sigma_{r\phi} \\ \sigma_{\phi r} & \sigma_\phi \end{pmatrix} \begin{pmatrix} \cos\phi & \sin\phi \\ -\sin\phi & \cos\phi \end{pmatrix} \tag{2-24}$$

类似地，我们也有

$$\sigma_r + \sigma_\theta = \sigma_x + \sigma_y \tag{2-25}$$

2.2 张量的运算

1. 张量相等

若两个张量 $\boldsymbol{T}$、$\boldsymbol{S}$ 在同一个坐标系中的逆变 (或协变、或某一混变) 分量一一对应相等，即

$$T^{ij} = S^{ij} \tag{2-26}$$

则此两个张量的其他一切分量均一一相等，即

$$T_{ij} = S_{ij} \tag{2-27}$$

$$T^{i}_{\cdot j} = S^{i}_{\cdot j} \tag{2-28}$$

$$T_{i}^{\cdot j} = S_{i}^{\cdot j} \tag{2-29}$$

写成实体形式即为

$$\boldsymbol{T} = \boldsymbol{S} \tag{2-30}$$

2. 张量加减

若将两个张量 $\boldsymbol{T}$、$\boldsymbol{S}$ 在同一坐标系中的逆变 (或协变、或任一种混变) 分量一一相加，则会得到一组数，那么这组数是新张量 $\boldsymbol{U}$ 的逆变 (或协变、或任一种混变) 分量

$$T^{ij} + S^{ij} = U^{ij} \tag{2-31}$$

$$T_{ij} + S_{ij} = U_{ij} \tag{2-32}$$

$$T^{i}_{\cdot j} + S^{i}_{\cdot j} = U^{i}_{\cdot j} \tag{2-33}$$

$$T_{i}^{\cdot j} + S_{i}^{\cdot j} = U_{i}^{\cdot j} \tag{2-34}$$

即

$$\boldsymbol{T} + \boldsymbol{S} = \boldsymbol{U} \tag{2-35}$$

同样，张量减法的定义也是类似的，即若

$$T^{ij} - S^{ij} = U^{ij} \tag{2-36}$$

$$T_{ij} - S_{ij} = U_{ij} \tag{2-37}$$

$$T^{i}_{\cdot j} - S^{i}_{\cdot j} = U^{i}_{\cdot j} \tag{2-38}$$

$$T_{i}^{\cdot j} - S_{i}^{\cdot j} = U_{i}^{\cdot j} \tag{2-39}$$

即

$$\boldsymbol{T} - \boldsymbol{S} = \boldsymbol{U} \tag{2-40}$$

3. 标量与张量相乘

若将张量在某一坐标系中的逆变 (或协变，或任一种混变) 分量乘以一个标量 k，则得到一组数，也是张量的逆变 (或协变，或任一种混变) 分量，即

$$kT^{ij} = U^{ij} \tag{2-41}$$

$$kT_{ij} = U_{ij} \tag{2-42}$$

$$kT^{i}_{\cdot j} = U^{i}_{\cdot j} \tag{2-43}$$

$$kT_{i}^{\cdot j} = U_{i}^{\cdot j} \tag{2-44}$$

即

$$k\boldsymbol{T} = \boldsymbol{U} \tag{2-45}$$

4. 并乘

两个张量 $\boldsymbol{T}$、$\boldsymbol{S}$ 的并乘写为

$$\boldsymbol{TS} = T^{ij}\boldsymbol{g_i g_j} S^{k}_{\cdot l}\boldsymbol{g_k g^l} = T^{ij} S^{k}_{\cdot l}\boldsymbol{g_i g_j g_k g^l} \tag{2-46}$$

张量并乘时其顺序不能任意调换，即

$$\boldsymbol{TS} \neq \boldsymbol{ST} \tag{2-47}$$

两个张量退化成矢量之后，则此两个矢量的并乘称为并矢，例如

$$\boldsymbol{uv} = u^i v_j \boldsymbol{g}_i \boldsymbol{g}^j \tag{2-48}$$

5. 点积

两个张量 $\boldsymbol{T}$、$\boldsymbol{S}$ 的点积写为

$$\begin{aligned}\boldsymbol{T}\cdot\boldsymbol{S} &= T^{ij} S^{k}_{\cdot l}\boldsymbol{g}_i\boldsymbol{g}_j\cdot\boldsymbol{g}_k\boldsymbol{g}^l \\ &= T^{ij} S^{k}_{\cdot l} g_{jk}\boldsymbol{g}_i\boldsymbol{g}^l \\ &= T^{ij} S_{jl}\boldsymbol{g}_i\boldsymbol{g}^l \end{aligned} \tag{2-49}$$

即两个张量作点积的时候，实际上是与点积符号靠得最近的两个基矢量相互点积作用。点积一次，所得到的新的张量会降低二阶。类似地，两个矢量 $\boldsymbol{A}$、$\boldsymbol{B}$ 的点积为

$$\boldsymbol{A}\cdot\boldsymbol{B} = A^i B_i \tag{2-50}$$

其中，一个二阶张量 $\boldsymbol{T}$ 与一个矢量 $\boldsymbol{u}$ 点积之后得到另外一个矢量 $\boldsymbol{w}$

$$\boldsymbol{w} = \boldsymbol{T}\cdot\boldsymbol{u} = T^{i}_{\cdot j} u^j \boldsymbol{g}_i \tag{2-51}$$

或者

$$w^i = T^{i}_{\cdot j} u^j \tag{2-52}$$

这一点积过程也是降低了两阶 $(2+1-2=1)$。

从数学上来看，这个点积过程中的二阶张量对应于一个线性变换，称为映射。每一个二阶张量都定义了一个将矢量空间的任一矢量 $\boldsymbol{u}$ 映射为另一矢量 $\boldsymbol{w}$ 的线性变换。可以证明

$$\boldsymbol{T}\cdot(\alpha\boldsymbol{u} + \beta\boldsymbol{v}) = \alpha\boldsymbol{T}\cdot\boldsymbol{u} + \beta\boldsymbol{T}\cdot\boldsymbol{v} \tag{2-53}$$

进而可以定义张量的双点积运算，可以分为并联式和串联式两种。例如，我们取 $\boldsymbol{T}$ 为一个三阶张量，$\boldsymbol{S}$ 为一个二阶张量。则这两个张量的并联式双点积定义为

$$\begin{aligned}\boldsymbol{T}:\boldsymbol{S}&=T^{ijk}\boldsymbol{g}_i\boldsymbol{g}_j\boldsymbol{g}_k:S^{m}_{\cdot l}\boldsymbol{g}_m\boldsymbol{g}^l\\&=T^{ijk}S^{m}_{\cdot l}g_{jm}\delta^l_k\boldsymbol{g}_i\\&=T^{ijk}S_{jk}\boldsymbol{g}_i\end{aligned}\tag{2-54}$$

即 $\boldsymbol{T}$ 和 $\boldsymbol{S}$ 中与双点积符号靠的最近的四个基矢量按 (前 · 前)(后 · 后) 的形式两两相互作用。

串联式点积为

$$\begin{aligned}\boldsymbol{T}\cdot\cdot\boldsymbol{S}&=T^{ijk}\boldsymbol{g}_i\boldsymbol{g}_j\boldsymbol{g}_k\cdot\cdot S^{m}_{\cdot l}\boldsymbol{g}_m\boldsymbol{g}^l\\&=T^{ijk}S^{m}_{\cdot l}g_{km}\delta^l_j\boldsymbol{g}_i\\&=T^{ijk}S_{kj}\boldsymbol{g}_i\end{aligned}\tag{2-55}$$

此时对称靠近于双点积符号两侧的基矢量两两对应做点积，即此时 $\boldsymbol{g}_k$ 与 $\boldsymbol{g}_m$ 点积，$\boldsymbol{g}_j$ 与 $\boldsymbol{g}^l$ 点积。

以二阶张量 $\boldsymbol{T}$ 为例，张量的转置定义为

$$\begin{aligned}\boldsymbol{T}^{\mathrm{T}}&=T_{ji}\boldsymbol{g}^i\boldsymbol{g}^j\\&=T^{j}_{\cdot i}\boldsymbol{g}^i\boldsymbol{g}_j\\&=T_j^{\cdot i}\boldsymbol{g}_i\boldsymbol{g}^j\\&=T^{ji}\boldsymbol{g}_i\boldsymbol{g}_j\end{aligned}\tag{2-56}$$

或者通过更换哑标，转置张量可以写为

$$\begin{aligned}\boldsymbol{T}^{\mathrm{T}}&=T_{ij}\boldsymbol{g}^j\boldsymbol{g}^i\\&=T^{i}_{\cdot j}\boldsymbol{g}_j\boldsymbol{g}^i\\&=T_i^{\cdot j}\boldsymbol{g}_i\boldsymbol{g}^j\\&=T^{ij}\boldsymbol{g}_j\boldsymbol{g}_i\end{aligned}\tag{2-57}$$

此时，其表达式相当于分量不变，交换基矢量的前后顺序。

若

$$\boldsymbol{N}^{\mathrm{T}} = \boldsymbol{N} \tag{2-58}$$

则称 $\boldsymbol{N}$ 为对称张量，其分量之间的关系为

$$\begin{aligned} N_{ij} &= N_{ji} \\ N^{ij} &= N^{ji} \\ N^{i}_{\cdot j} &= N_{j}^{\cdot i} \\ N_{i}^{\cdot j} &= N^{j}_{\cdot i} \end{aligned} \tag{2-59}$$

例如，力学中的应力、应变、惯性矩等张量为对称张量，满足

$$\boldsymbol{\sigma}^{\mathrm{T}} = \boldsymbol{\sigma} \tag{2-60}$$

$$\boldsymbol{\varepsilon}^{\mathrm{T}} = \boldsymbol{\varepsilon} \tag{2-61}$$

$$\boldsymbol{I}^{\mathrm{T}} = \boldsymbol{I} \tag{2-62}$$

若

$$\boldsymbol{\varOmega}^{\mathrm{T}} = -\boldsymbol{\varOmega} \tag{2-63}$$

则称 $\boldsymbol{\varOmega}$ 为反对称张量，其分量之间的关系为

$$\begin{aligned} \varOmega_{ij} &= -\varOmega_{ji} \\ \varOmega^{ij} &= -\varOmega^{ji} \\ \varOmega^{i}_{\cdot j} &= -\varOmega_{j}^{\cdot i} \\ \varOmega_{i}^{\cdot j} &= -\varOmega^{j}_{\cdot i} \end{aligned} \tag{2-64}$$

可以证明

$$\boldsymbol{T} \cdot \boldsymbol{u} = \boldsymbol{u} \cdot \boldsymbol{T}^{\mathrm{T}} \tag{2-65}$$

具体展开过程为

$$\boldsymbol{T} \cdot \boldsymbol{u} = T^{ij} u_j \boldsymbol{g}_i \tag{2-66}$$

$$\boldsymbol{u} \cdot \boldsymbol{T}^{\mathrm{T}} = u_i T^{ji} \boldsymbol{g}_j = \boldsymbol{T} \cdot \boldsymbol{u} \tag{2-67}$$

考虑张量的对称性，则有

$$\boldsymbol{N} \cdot \boldsymbol{u} = \boldsymbol{u} \cdot \boldsymbol{N} \tag{2-68}$$

$$\boldsymbol{\Omega} \cdot \boldsymbol{u} = -\boldsymbol{u} \cdot \boldsymbol{\Omega} \tag{2-69}$$

关于张量的点积，在力学中有大量的实例，具体包括如下几方面。

(1) 应力边界条件

对于一个连续体，其边界的外法线为 $\boldsymbol{n}$，其边界上任一点的应力为 $\boldsymbol{\sigma}$，对应的面力为 $\bar{\boldsymbol{t}}$，则有应力边界条件

$$\begin{gathered}\boldsymbol{n} \cdot \boldsymbol{\sigma} = \bar{\boldsymbol{t}} \\ n_i \sigma^{i}_{\cdot j} = \bar{t}_j\end{gathered} \tag{2-70}$$

尤其是对于自由边界，即 $\bar{\boldsymbol{t}}=\boldsymbol{0}$，则边界上任意一点的应力为 $\boldsymbol{0}$.

例 1 如图 2-3 所示，某固体边界，其外法线单位矢量为 $\boldsymbol{n}$，图示角度为 θ。将上述应力边界条件展开有

$$n_1\sigma_{11} + n_2\sigma_{21} = \bar{t}_1 \tag{2-71}$$

$$n_1\sigma_{12} + n_2\sigma_{22} = \bar{t}_2 \tag{2-72}$$

其中

$$n_1 = -\sin\theta \tag{2-73}$$

$$n_2 = \cos\theta \tag{2-74}$$

$$\bar{t}_1 = q\sin\theta \tag{2-75}$$

$$\bar{t}_2 = -q\cos\theta \tag{2-76}$$

即

$$-\sigma_x \sin\theta + \tau_{xy}\cos\theta = q\sin\theta \tag{2-77}$$

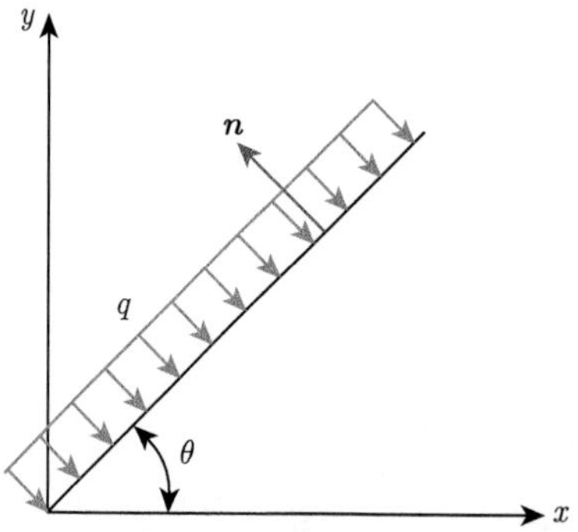

图 2-3 应力边界

$$-\tau_{xy}\sin\theta+\sigma_y\cos\theta=-q\cos\theta \tag{2-78}$$

特别地，若夹角 $\theta=90^\circ$，有 $\sigma_x=-q$，$\tau_{xy}=0$。

(2) 压电材料的本构关系

压电材料，通常指的是受到压力作用时会在两端面间出现电压的晶体材料。1880年，法国物理学家居里 (Pierre Curie，1859～1906) 和其弟弟发现，把重物放在石英晶体上，晶体某些表面会产生电荷，电荷量与压力成比例。这一现象被称为压电效应。随即，居里兄弟又发现了逆压电效应，即在外电场作用下压电体会产生形变。压电效应的机理是：具有压电性的晶体对称性较低，当受到外力作用发生形变时，晶胞中正负离子的相对位移使正负电荷中心不再重合，导致晶体发生宏观极化，而晶体表面电荷面密度等于极化强度在表面法向上的投影，所以压电材料受压力作用变形时两端面会出现异号电荷。反之，压电材料在电场中发生极化时，电荷中心的位移会导致材料变形。

利用压电材料的这些特性可实现机械振动 (声波) 和交流电的互相转换，因而压电材料广泛用于传感器元件中，如地震传感器，力、速度和加速度的测量元件以及电声传感器等。这类材料被广泛运用，举一个很生活化的例子，打火机的火花即运用了此技术。

压电材料的本构关系为

$$\boldsymbol{P}=\boldsymbol{d}:\boldsymbol{\sigma} \tag{2-79}$$

此处，$\boldsymbol{P}$ 为单位体积的电矩矢量，$\boldsymbol{d}$ 为压电模量张量，为三阶张量。写成分量为

$$P^i=d^{ijk}\sigma_{jk} \tag{2-80}$$

(3) 线弹性材料的本构关系

对于线弹性材料，其应力应变关系为

$$\boldsymbol{\sigma}=\boldsymbol{c}:\boldsymbol{\varepsilon} \tag{2-81}$$

其中 $\boldsymbol{c}$ 为四阶的弹性张量。上式写成分量为

$$\sigma^{ij}=c^{ijkl}\varepsilon_{kl} \tag{2-82}$$

$$\sigma_{ij}=c_{ijkl}\varepsilon^{kl} \tag{2-83}$$

$$\sigma^{i}_{\cdot j} = c^{i\cdot\cdot l}_{\cdot jk}\varepsilon^{k}_{\cdot l} \tag{2-84}$$

$$\sigma^{\cdot j}_{i} = c^{\cdot jk}_{i\cdot\cdot l}\varepsilon^{\cdot l}_{k} \tag{2-85}$$

对于各向同性线弹性材料，其独立的材料常数有两个，即弹性模量 E 和泊松比 ν，即此时的弹性张量里面的独立分量只有这两个量。最简单的情况为材料的单向拉伸，此时其本构关系可表达为轴向的应力 σ 和应变 ε 之间的线性关系：

$$\sigma = E\varepsilon \tag{2-86}$$

这个定律现在被称为 “郑玄-Hooke 定律”。英国科学家胡克 (Robert Hooke，1635~1703) 于 1676 年发表了一句拉丁语字谜，谜面是：ceiiinosssttuv。两年后他公布了谜底是：ut tensio sic vis，意思是 “力如伸长 (那样变化)”。中国学者郑玄 (127~200)，字康成，北海高密 (今山东省潍坊市) 人，东汉末年儒家学者、经学大师。实际上早于胡克 1500 年前，郑玄为《考工记 · 马人》一文的 “量其力，有三钧” 所作注解 “假设弓力胜三石，引之中三尺，驰其弦，以绳缓擐之，每加物一石，则张一尺”，就正确地提示了力与形变成正比的关系。

对于横观各向同性材料，其独立的材料常数有五个，而正交各向异性材料，其独立的材料常数有九个。这两种各向异性模型在复合材料设计、地质勘探、石油工程中的 “防斜打直” 等问题中应用非常广泛。

(4) 惯性矩张量

如图 2-4 所示，物体 B 对坐标原点的动量矩 (即角动量，angular momentum) $\boldsymbol{L}$ 为

$$\boldsymbol{L} = \int_B \rho\boldsymbol{r}\times\boldsymbol{v}\mathrm{d}V \tag{2-87}$$

其中 $\boldsymbol{r}$ 和 $\boldsymbol{v}$ 是物体内某点的矢径和速度，ρ 为该点的密度，体积为 V。

又有

$$\boldsymbol{v} = \boldsymbol{\omega}\times\boldsymbol{r} \tag{2-88}$$

则有

$$\begin{aligned}\boldsymbol{L} &= \int_B \rho\boldsymbol{r}\times(\boldsymbol{\omega}\times\boldsymbol{r})\,\mathrm{d}V \\ &= \int_B \rho\left[\boldsymbol{\omega}\left(\boldsymbol{r}\cdot\boldsymbol{r}\right) - \boldsymbol{r}\left(\boldsymbol{r}\cdot\boldsymbol{\omega}\right)\right]\mathrm{d}V\end{aligned} \tag{2-89}$$

其分量形式为

$$\begin{aligned} L^i &= \int\limits_B \rho\left[\omega^i r^m r_m - r^i r_k \omega^k\right] \mathrm{d}V \\ &= \omega^k \int\limits_B \rho\left[\delta_k^i r^m r_m - r^i r_k\right] \mathrm{d}V \end{aligned} \tag{2-90}$$

令

$$I^i_{\cdot k} = \int\limits_B \rho\left[\delta_k^i r^m r_m - r^i r_k\right] \mathrm{d}V \tag{2-91}$$

则可得

$$\begin{aligned} L^i &= I^i_{\cdot k}\omega^k \\ \boldsymbol{L} &= \boldsymbol{I}\cdot\boldsymbol{\omega} \end{aligned} \tag{2-92}$$

此即动量矩定理，其中 $\boldsymbol{I}$ 为转动惯量张量。与质量同为惯性量，转动惯量表征物体转动的难易程度。

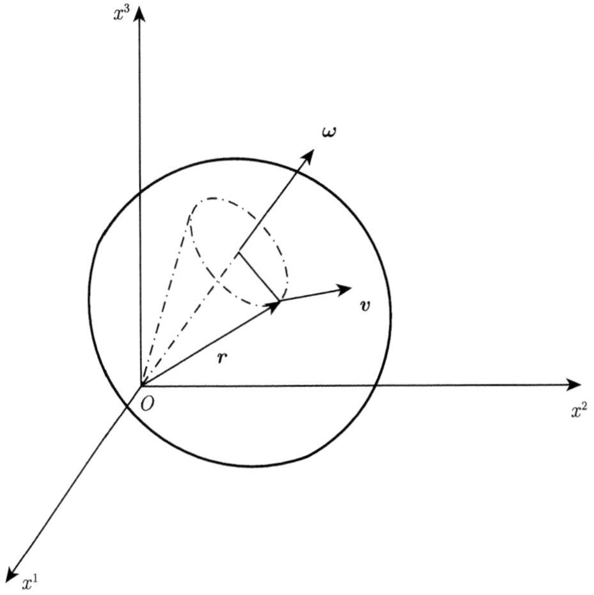

图 2-4 刚体绕 O 点转动

在笛卡儿直角坐标系中有

$$I_{11} = \int\limits_B \rho\left[y^2 + z^2\right] \mathrm{d}V = I_{xx}$$

$$I_{22} = \int_B \rho \left[x^2 + z^2 \right] \mathrm{d}V = I_{yy} \tag{2-93}$$

$$I_{33} = \int_B \rho \left[x^2 + y^2 \right] \mathrm{d}V = I_{zz}$$

$$I_{12} = -\int_B \rho xy \mathrm{d}V = -I_{xy} \tag{2-94}$$

$$I_{23} = -\int_B \rho yz \mathrm{d}V = -I_{yz} \tag{2-95}$$

$$I_{31} = -\int_B \rho zx \mathrm{d}V = -I_{zx} \tag{2-96}$$

式中，I_{11}、I_{22}、I_{33} 代表绕着 x、y、z 轴转动的极惯性矩，I_{12}、I_{23}、I_{31} 代表惯性积。对于平面图形，其惯性矩 (moment of inertia) 就等同于转动惯量 (仅相差一个密度常数)。

6. 商法则

设有一组数的集合 $T(i, j, k, l, m)$，如果它满足对于任意一个 q 阶张量 (如二阶张量 $\boldsymbol{S}=S^{lm}\boldsymbol{g}_l\boldsymbol{g}_m$) 的内积均为一个 p 阶张量 (如三阶张量 $\boldsymbol{U}=U^{ijk}\boldsymbol{g}_i\boldsymbol{g}_j\boldsymbol{g}_k$)，即在任意坐标系内满足

$$T(i,j,k,l,m)\, S^{lm} = U^{ijk} \tag{2-97}$$

则这组数的集合必为一个 $p+q$ 阶张量 (此处为五阶张量)

$$T(i,j,k,l,m) = T^{ijk}_{\cdots lm} \tag{2-98}$$

例如，本构关系 $\boldsymbol{\sigma} = \boldsymbol{c} : \boldsymbol{\varepsilon}$，假如应力和应变都已知为二阶张量，则根据商法则可以判断弹性张量为四阶张量。同样根据压电材料的本构关系，已知电矩矢量 $\boldsymbol{P}$ 和应力张量 $\boldsymbol{\sigma}$，可以知道压电模量为三阶张量。

7. 不变量

二阶张量经过点积运算后，可以得到三个不变量，其数值均为标量，因而不随坐标系的变化而变化。

我们定义一个二阶张量 $\boldsymbol{T}$ 的第一、第二、第三不变量为

$$J_1 = T^{i}_{\cdot i} = \mathrm{tr}\boldsymbol{T} \tag{2-99}$$

$$J_2 = \frac{1}{2}\left(T^{i}_{\cdot i}T^{j}_{\cdot j} - T^{i}_{\cdot j}T^{j}_{\cdot i}\right) = \frac{1}{2}\left[(\mathrm{tr}\boldsymbol{T})^2 - \boldsymbol{T}\cdot\cdot\boldsymbol{T}\right]$$
$$= \frac{1}{2}\left[(\mathrm{tr}\boldsymbol{T})^2 - \mathrm{tr}\boldsymbol{T}^2\right] = \frac{1}{2}\left[(J_1)^2 - \mathrm{tr}\boldsymbol{T}^2\right] \tag{2-100}$$

$$J_3 = \frac{1}{6}\in^{lmn}\in_{ijk} T^{i}_{\cdot l}T^{j}_{\cdot m}T^{k}_{\cdot n} = \det\boldsymbol{T} \tag{2-101}$$

其中第一不变量称为张量 $\boldsymbol{T}$ 的迹，第三不变量代表张量对应矩阵的行列式，并且 $\boldsymbol{T}^2 = \boldsymbol{T}\cdot\boldsymbol{T}$。

可以证明 $\boldsymbol{T}\cdot\cdot\boldsymbol{T} = T^{ij}\boldsymbol{g}_i\boldsymbol{g}_j\cdot\cdot T_{mn}\boldsymbol{g}^m\boldsymbol{g}^n = T^{ij}T_{mn}\delta_j^m\delta_i^n = T^{ij}T_{ji} = T^{i}_{\cdot j}T^{j}_{\cdot i} = \mathrm{tr}\boldsymbol{T}^2$。

作为实例，当坐标变换时，对于前文所述的二维问题，应力、应变和惯性矩张量的分量之间存在关系

$$\mathrm{tr}\boldsymbol{\sigma} = \sigma_{x'} + \sigma_{y'} = \sigma_x + \sigma_y$$
$$\mathrm{tr}\boldsymbol{\varepsilon} = \varepsilon_{x'} + \varepsilon_{y'} = \varepsilon_x + \varepsilon_y \tag{2-102}$$
$$\mathrm{tr}\boldsymbol{I} = I'_x + I'_y = I_x + I_y$$

特别地，当新坐标为极坐标时，有

$$\mathrm{tr}\boldsymbol{\sigma} = \sigma_r + \sigma_\theta = \sigma_x + \sigma_y \tag{2-103}$$

对于空间中任意一点的应力张量，其对应的矩阵为

$$[\boldsymbol{\sigma}] = \begin{pmatrix} \sigma_x & \tau_{xy} & \tau_{xz} \\ \tau_{yx} & \sigma_y & \tau_{yz} \\ \tau_{zx} & \tau_{zy} & \sigma_z \end{pmatrix} \tag{2-104}$$

其对应的主单元体为

$$[\boldsymbol{\sigma}] = \begin{pmatrix} \sigma_1 & 0 & 0 \\ 0 & \sigma_2 & 0 \\ 0 & 0 & \sigma_3 \end{pmatrix} \tag{2-105}$$

其中 σ_1、σ_2、σ_3 分别为三个主应力。则有

$$J_1^\sigma = \mathrm{tr}\boldsymbol{\sigma} = \sigma_x + \sigma_y + \sigma_z = \sigma_1 + \sigma_2 + \sigma_3 \tag{2-106}$$

$$\begin{aligned}J_2^\sigma &= \sigma_1\sigma_2 + \sigma_2\sigma_3 + \sigma_3\sigma_1 \\ &= \sigma_x\sigma_y + \sigma_y\sigma_z + \sigma_z\sigma_x - \tau_{xy}^2 - \tau_{yz}^2 - \tau_{zx}^2\end{aligned} \tag{2-107}$$

$$\begin{aligned}J_3^\sigma &= \sigma_1\sigma_2\sigma_3 \\ &= \sigma_x\sigma_y\sigma_z + 2\tau_{xy}\tau_{yz}\tau_{zx} - \sigma_x\tau_{yz}^2 - \sigma_y\tau_{zx}^2 - \sigma_z\tau_{xy}^2\end{aligned} \tag{2-108}$$

我们还可以定义二阶张量的矩，其表达式也为不变量：

$$J_1^* = \mathrm{tr}\boldsymbol{T} = J_1 \tag{2-109}$$

$$J_2^* = \mathrm{tr}\boldsymbol{T}^2 = T^i_{\cdot j}T^j_{\cdot i} \tag{2-110}$$

$$J_3^* = \mathrm{tr}\boldsymbol{T}^3 = T^i_{\cdot j}T^j_{\cdot k}T^k_{\cdot i} \tag{2-111}$$

上述三个不变量分别称为二阶张量的一阶矩、二阶矩、三阶矩。

可以证明如下等式：对于两个张量 $\boldsymbol{T}$、$\boldsymbol{S}$，有

$$\mathrm{tr}\,(\boldsymbol{T}\cdot\boldsymbol{S}) = \boldsymbol{T}^{\mathrm{T}} : \boldsymbol{S} = \boldsymbol{T} : \boldsymbol{S}^{\mathrm{T}} \tag{2-112}$$

则可以验证以上的不变量

$$\mathrm{tr}\left(\boldsymbol{T}^2\right) = \mathrm{tr}\,(\boldsymbol{T}\cdot\boldsymbol{T}) = \boldsymbol{T}^{\mathrm{T}} : \boldsymbol{T} = \boldsymbol{T} : \boldsymbol{T}^{\mathrm{T}} \tag{2-113}$$

例如

$$\mathrm{tr}\,(\boldsymbol{\sigma}\cdot\boldsymbol{\varepsilon}) = \boldsymbol{\sigma} : \boldsymbol{\varepsilon} = \sigma_{ij}\varepsilon_{ij} \tag{2-114}$$

此即应变能密度两倍的表达式。

类似可以证明，对于三个二阶张量 $\boldsymbol{A}$、$\boldsymbol{B}$、$\boldsymbol{C}$，有

$$\mathrm{tr}\,(\boldsymbol{A}\cdot\boldsymbol{B}\cdot\boldsymbol{C}) = \mathrm{tr}\,(\boldsymbol{C}\cdot\boldsymbol{A}\cdot\boldsymbol{B}) = \mathrm{tr}\,(\boldsymbol{B}\cdot\boldsymbol{C}\cdot\boldsymbol{A}) \tag{2-115}$$

2.3 特殊张量

常见的特殊张量有以下这些。

1. 度量张量

前面已经应用过 g_{ij} 和 g^{ij}，现在可以定义度量张量为

$$\begin{aligned}\boldsymbol{G} &= g^{ij}\boldsymbol{g}_i\boldsymbol{g}_j \\ &= g_{ij}\boldsymbol{g}^i\boldsymbol{g}^j \\ &= \delta_i^j\boldsymbol{g}^i\boldsymbol{g}_j \\ &= \boldsymbol{g}^j\boldsymbol{g}_j \\ &= \boldsymbol{g}_i\boldsymbol{g}^i\end{aligned} \tag{2-116}$$

当坐标变换时，度量张量的表达式为

$$\begin{aligned}\boldsymbol{G} &= g^{i'j'}\boldsymbol{g}_{i'}\boldsymbol{g}_{j'} \\ &= g_{i'j'}\boldsymbol{g}^{i'}\boldsymbol{g}^{j'} \\ &= \delta_{i'}^{j'}\boldsymbol{g}^{i'}\boldsymbol{g}_{j'} \\ &= \boldsymbol{g}^{j'}\boldsymbol{g}_{j'} \\ &= \boldsymbol{g}_{i'}\boldsymbol{g}^{i'}\end{aligned} \tag{2-117}$$

可以证明，度量张量与任意张量进行点积，不改变该张量的表达式：

$$\boldsymbol{G}\cdot\boldsymbol{T} = \boldsymbol{T}\cdot\boldsymbol{G} = \boldsymbol{T} \tag{2-118}$$

在笛卡儿直角坐标系中，度量张量对应着单位矩阵

$$[\boldsymbol{G}] = \begin{pmatrix} 1 & 0 & 0 \\ 0 & 1 & 0 \\ 0 & 0 & 1 \end{pmatrix} \tag{2-119}$$

而单位矩阵与任何同阶的矩阵相乘不改变该矩阵的值。

运用前述公式，则有

$$\boldsymbol{G} : \boldsymbol{T} = \boldsymbol{G}\cdot\cdot\boldsymbol{T} = \mathrm{tr}\boldsymbol{T} \tag{2-120}$$

$$\mathrm{tr}\left(\boldsymbol{T}\right) = \mathrm{tr}\left(\boldsymbol{T}\cdot\boldsymbol{G}\right) = \boldsymbol{T} : \boldsymbol{G} \tag{2-121}$$

$$\mathrm{tr}\left(\boldsymbol{T}^2\right) = \mathrm{tr}\left(\boldsymbol{T}\cdot\boldsymbol{T}\right) = \boldsymbol{T}^{\mathrm{T}} : \boldsymbol{T} = \boldsymbol{T} : \boldsymbol{T}^{\mathrm{T}} \tag{2-122}$$

2. 零张量

零张量的分量均为 0，如零二阶张量对应的矩阵为

$$[\mathbf{0}]=\begin{bmatrix}0&0&0\\0&0&0\\0&0&0\end{bmatrix} \tag{2-123}$$

零张量与任意张量进行点积为零张量：

$$\mathbf{0}\cdot\boldsymbol{T}=\boldsymbol{T}\cdot\mathbf{0}=\mathbf{0} \tag{2-124}$$

3. 正交张量

在这儿，我们给出 n 个二阶张量 $\boldsymbol{T}$(假设其阶数足够) 的连续点积的定义，称为 $\boldsymbol{T}$ 的 n 次幂

$$\begin{gathered}\boldsymbol{T}^1=\boldsymbol{T}=\boldsymbol{T}\cdot\boldsymbol{G}\\ \boldsymbol{T}^2=\boldsymbol{T}\cdot\boldsymbol{T}\\ \boldsymbol{T}^3=\boldsymbol{T}\cdot\boldsymbol{T}\cdot\boldsymbol{T}\\ \boldsymbol{T}^n=\underbrace{\boldsymbol{T}\cdot\boldsymbol{T}\cdot\boldsymbol{T}\cdot\cdots\cdot\boldsymbol{T}}_{n\text{个}T}\\ \boldsymbol{T}^0=\boldsymbol{G}\end{gathered} \tag{2-125}$$

$$\boldsymbol{T}\cdot\boldsymbol{T}^{-1}=\boldsymbol{G} \tag{2-126}$$

$$\boldsymbol{T}^{-2}=\boldsymbol{T}^{-1}\cdot\boldsymbol{T}^{-1} \tag{2-127}$$

$$\boldsymbol{T}^{-n}=\underbrace{\boldsymbol{T}^{-1}\cdot\boldsymbol{T}^{-1}\cdot\boldsymbol{T}^{-1}\cdot\cdots\cdot\boldsymbol{T}^{-1}}_{n\text{个}T} \tag{2-128}$$

若二阶张量的行列式 $\det\boldsymbol{T}=0$，则称 $\boldsymbol{T}$ 为退化的二阶张量。反之，若 $\det\boldsymbol{T}\neq 0$，则称 $\boldsymbol{T}$ 为正则的二阶张量。

对于一个正则的二阶张量 $\boldsymbol{Q}$，若满足

$$\begin{gathered}\boldsymbol{Q}^{\mathrm{T}}=\boldsymbol{Q}^{-1}\\ \boldsymbol{Q}\cdot\boldsymbol{Q}^{\mathrm{T}}=\boldsymbol{G}\end{gathered} \tag{2-129}$$

则称 $\boldsymbol{Q}$ 为正交张量。

正交张量的矩阵对应的行列式为

$$\det\boldsymbol{Q} = \pm 1 \tag{2-130}$$

任一矢量 $\boldsymbol{u}$、$\boldsymbol{v}$ 用同一个正交张量进行映射后，其内积不变，即

$$(\boldsymbol{Q}\cdot\boldsymbol{u})\cdot(\boldsymbol{Q}\cdot\boldsymbol{v}) = \boldsymbol{u}\cdot\boldsymbol{v} \tag{2-131}$$

证明过程为

$$(\boldsymbol{Q}\cdot\boldsymbol{u})\cdot(\boldsymbol{Q}\cdot\boldsymbol{v}) = \boldsymbol{u}\cdot\boldsymbol{Q}^{\mathrm{T}}\cdot\boldsymbol{Q}\cdot\boldsymbol{v} = \boldsymbol{u}\cdot\boldsymbol{v} \tag{2-132}$$

4. 置换张量 (Eddington 张量)

定义 Eddington 张量为

$$\begin{aligned}\in &= \in^{ijk}\ \boldsymbol{g}_i\boldsymbol{g}_j\boldsymbol{g}_k \\ &= \in_{ijk}\ \boldsymbol{g}^i\boldsymbol{g}^j\boldsymbol{g}^k \\ &= \sqrt{g}e_{ijk}\boldsymbol{g}^i\boldsymbol{g}^j\boldsymbol{g}^k \\ &= \frac{1}{\sqrt{g}}e^{ijk}\boldsymbol{g}_i\boldsymbol{g}_j\boldsymbol{g}_k\end{aligned} \tag{2-133}$$

定义行列式

$$a = \begin{vmatrix} a^1_{\cdot 1} & a^1_{\cdot 2} & a^1_{\cdot 3} \\ a^2_{\cdot 1} & a^2_{\cdot 2} & a^2_{\cdot 3} \\ a^3_{\cdot 1} & a^3_{\cdot 2} & a^3_{\cdot 3} \end{vmatrix} \tag{2-134}$$

则有

$$\begin{vmatrix} a^i_{\cdot r} & a^i_{\cdot s} & a^i_{\cdot t} \\ a^j_{\cdot r} & a^j_{\cdot s} & a^j_{\cdot t} \\ a^k_{\cdot r} & a^k_{\cdot s} & a^k_{\cdot t} \end{vmatrix} = ae^{ijk}e_{rst} \tag{2-135}$$

类似地

$$\begin{vmatrix} \delta^i_r & \delta^i_s & \delta^i_t \\ \delta^j_r & \delta^j_s & \delta^j_t \\ \delta^k_r & \delta^k_s & \delta^k_t \end{vmatrix} = e^{ijk}e_{rst} = \in^{ijk}\in_{rst} \tag{2-136}$$

展开后可以得到具体表达式。

对于两个 Eddington 张量，如果进行点积，则有关系式

$$
\begin{aligned}
&\in^{ijk}\in_{ist}=e^{ijk}e_{ist}=\delta_s^j\delta_t^k-\delta_t^j\delta_s^k \\
&\in^{ijk}\in_{ijt}=e^{ijk}e_{ijt}=2\delta_t^k \\
&\in^{ijk}\in_{ijk}=e^{ijk}e_{ijk}=6
\end{aligned}
\tag{2-137}
$$

上式中的后面两个等式的实体形式为

$$
\begin{aligned}
&\in:\in\ =2\boldsymbol{G} \\
&\in\ \vdots\ \in\ =6
\end{aligned}
\tag{2-138}
$$

这些等式称为 $\in\sim\boldsymbol{\delta}$ 等式。这一等式在实际应用中具有非常重要的意义，可以对很多复杂的公式进行化简。

例如，对于四个矢量 $\boldsymbol{A}$、$\boldsymbol{B}$、$\boldsymbol{C}$、$\boldsymbol{D}$，有

$$
\begin{aligned}
(\boldsymbol{A}\times\boldsymbol{B})\times(\boldsymbol{C}\times\boldsymbol{D})&=\in^{ijk}A_iB_j\boldsymbol{g_k}\times\in^{lmn}C_lD_m\boldsymbol{g}_n \\
&=\in^{ijk}\in^{lmn}A_iB_jC_lD_m\in_{knt}\boldsymbol{g}^t \\
&=\in^{ijk}\in^{lmn}A_iB_jC_lD_m\in_{tkn}\boldsymbol{g}^t \\
&=\in^{ijk}\left(\delta_t^l\delta_k^m-\delta_k^l\delta_t^m\right)A_iB_jC_lD_m\boldsymbol{g}^t \\
&=\in^{ijk}A_iB_jC_lD_k\boldsymbol{g}^l-\in^{ijk}A_iB_jC_kD_m\boldsymbol{g}^m \\
&=\boldsymbol{C}(\boldsymbol{A}\cdot\boldsymbol{B}\times\boldsymbol{D})-\boldsymbol{D}(\boldsymbol{A}\cdot\boldsymbol{B}\times\boldsymbol{C})
\end{aligned}
\tag{2-139}
$$

试思考四个矢量 $\boldsymbol{s}$、$\boldsymbol{t}$、$\boldsymbol{u}$、$\boldsymbol{v}$：$(\boldsymbol{s}\times\boldsymbol{t})\cdot(\boldsymbol{u}\times\boldsymbol{v})=(\boldsymbol{s}\cdot\boldsymbol{u})(\boldsymbol{t}\cdot\boldsymbol{v})-(\boldsymbol{s}\cdot\boldsymbol{v})(\boldsymbol{t}\cdot\boldsymbol{u})$。

补注：爱丁顿 (Arthur Stanley Eddington，1882~1944)，英国天文学家、物理学家、数学家，是第一个用英语宣讲相对论的科学家。第一次世界大战过后，爱丁顿率领一个观测队到西非普林西比岛观测 1919 年 5 月 29 日的日全食，拍摄日全食时太阳附近的星星位置。根据广义相对论，太阳的重力会使光线弯曲，太阳附近的星星视位置会变化。爱丁顿的观测证实了爱因斯坦的理论，立即被全世界的媒体报道。当时有一个传说：有记者问爱丁顿说是否全世界只有三个人真正懂得相对论，爱丁顿回答“谁是第三个人？”。

自然界密实物体的发光强度极限被命名为“爱丁顿极限”。爱丁顿在晚年激烈地反对印度科学家苏布拉马尼扬 • 钱德拉塞卡 (Subrahmanyan Chandrasekhar，1910~1995) 提出的关于白矮星的最大质量限界理论，但是事实证实钱德拉塞卡是正确的，他为此获得了 1983 年的诺贝尔物理学奖。

5. **转动张量**

对于反对称张量 $\boldsymbol{\Omega}$，在任一坐标系中，其矩阵表达式为

$$[\boldsymbol{\Omega}] = \begin{bmatrix} 0 & \Omega^1_{\cdot 2} & \Omega^1_{\cdot 3} \\ -\Omega^1_{\cdot 2} & 0 & \Omega^2_{\cdot 3} \\ -\Omega^1_{\cdot 3} & -\Omega^2_{\cdot 3} & 0 \end{bmatrix} \tag{2-140}$$

定义 $\boldsymbol{\Omega}$ 的反偶矢量为

$$\boldsymbol{\omega} = -\frac{1}{2}\in : \boldsymbol{\Omega} \tag{2-141}$$

$$\boldsymbol{\Omega} = -\in \cdot\, \boldsymbol{\omega} \tag{2-142}$$

分量形式为

$$\omega^i = -\frac{1}{2} \in^{ijk} \Omega_{jk} \tag{2-143}$$

$$\Omega_{ij} = - \in_{ijk} \omega^k \tag{2-144}$$

$\boldsymbol{\Omega}$ 对任一矢量 $\boldsymbol{u}$ 所做的线性变换可以写为

$$\boldsymbol{\Omega} \cdot \boldsymbol{u} = \boldsymbol{\omega} \times \boldsymbol{u} \tag{2-145}$$

证明过程需要展开

$$\boldsymbol{\Omega} \cdot \boldsymbol{u} = \Omega_{ij} u^j \boldsymbol{g}^i = - \in_{ijk} \omega^k u^j \boldsymbol{g}^i = \in_{kij} \omega^k u^j \boldsymbol{g}^i \tag{2-146}$$

$$\boldsymbol{\omega} \times \boldsymbol{u} = \in_{ijk} \omega^i u^j \boldsymbol{g}^k \tag{2-147}$$

所以二者相等。

在连续介质力学中，$\boldsymbol{\Omega}$ 代表小转动，$\boldsymbol{\omega}$ 代表小转动矢量。而对其他一些反偶矢量可以类似定义，如角度矢量 $\boldsymbol{\varphi}$、角速度矢量 $\boldsymbol{\omega}$、角加速度矢量 $\boldsymbol{\varepsilon}$，三者之间存在关系

$$\boldsymbol{\varepsilon} = \dot{\boldsymbol{\omega}} = \ddot{\boldsymbol{\varphi}} \tag{2-148}$$

其中张量上方的点符号代表对于时间的导数。

这类矢量通常称为 “伪 (赝) 矢量”，因为通常我们熟悉的是其转动方向，而由其转动方向才能确定其矢量指向。

下面说明反偶矢量的几何意义。如图 2-5 所示，$\boldsymbol{u}$ 为任意给定矢量。则有 BC 的长度为

$$BC = |\boldsymbol{\omega} \times \boldsymbol{u}| = u\omega \sin\theta \tag{2-149}$$

$$AB = u \sin\theta \tag{2-150}$$

则

$$\tan\varphi = \frac{BC}{AB} = \omega \tag{2-151}$$

若 ω 很小，则有 $\phi \approx \omega$，此时反对称二阶张量表示轴线平行于反偶矢量的小转动，转角 φ 等于反偶矢量的模。

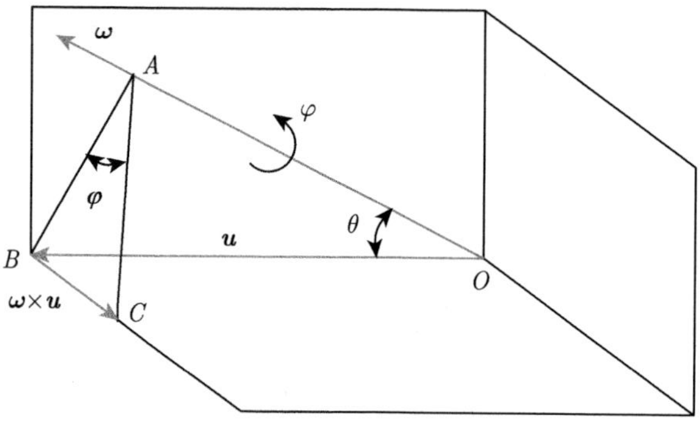

图 2-5　转动矢量的几何意义

6. 实对称二阶张量

实际上，对于实对称二阶张量 $\boldsymbol{N}$ 还具有一些通用的性质。首先，设矢量 $\boldsymbol{a}$ 的方向为 $\boldsymbol{N}$ 的一个主方向，则 $\boldsymbol{N}$ 将 $\boldsymbol{a}$ 映射为与其自身平行的数量，并加以放大或缩小，设倍数为 λ，则 λ 是 $\boldsymbol{a}$ 所对应的主分量，即

$$\boldsymbol{N} \cdot \boldsymbol{a} = \lambda \boldsymbol{a} \tag{2-152}$$

即

$$(\boldsymbol{N} - \lambda \boldsymbol{G}) \cdot \boldsymbol{a} = \boldsymbol{0} \tag{2-153}$$

则有特征多项式，即 Cayley-Hamilton 等式

$$\lambda^3 - J_1\lambda^2 + J_2\lambda - J_3 = 0 \tag{2-154}$$

其中 λ 的系数为张量 $\boldsymbol{N}$ 的三个不变量。

类似地，二阶张量满足 Cayley-Hamilton 等式

$$\boldsymbol{T}^3 - J_1\boldsymbol{T}^2 + J_2\boldsymbol{T} - J_3\boldsymbol{G} = \boldsymbol{0} \tag{2-155}$$

其中 $\boldsymbol{T}$ 的系数为张量 $\boldsymbol{T}$ 的三个不变量。

实对称二阶张量的特征方程必定为 3 个实根。设有一个复根 λ，故其共轭复数 $\bar{\lambda}$ 也必为特征方程的另一个根。若 λ 对应的特征矢量为 $\boldsymbol{a}$，则 $\bar{\lambda}$ 对应的特征矢量为 $\bar{\boldsymbol{a}}$。由

$$\begin{aligned}\boldsymbol{N}\cdot\boldsymbol{a} &= \lambda\boldsymbol{a}\\ \boldsymbol{N}\cdot\bar{\boldsymbol{a}} &= \bar{\lambda}\bar{\boldsymbol{a}}\end{aligned} \tag{2-156}$$

可得

$$\bar{\boldsymbol{a}}\cdot\boldsymbol{N}\cdot\boldsymbol{a} = \lambda\bar{\boldsymbol{a}}\cdot\boldsymbol{a} \tag{2-157}$$

$$\boldsymbol{a}\cdot\boldsymbol{N}\cdot\bar{\boldsymbol{a}} = \bar{\lambda}\boldsymbol{a}\cdot\bar{\boldsymbol{a}} \tag{2-158}$$

由于 $\boldsymbol{N}$ 对称，故而

$$\left(\bar{\lambda}-\lambda\right)\boldsymbol{a}\cdot\bar{\boldsymbol{a}} = 0 \tag{2-159}$$

故而 $\bar{\lambda}=\lambda$ 为实数。

若实对称二阶张量具有 3 个不等实根 $\lambda_1>\lambda_2>\lambda_3$，则所对应的三个主轴方向 $\boldsymbol{a}_1$、$\boldsymbol{a}_2$、$\boldsymbol{a}_3$ 是唯一的且相互正交。例如

$$\begin{aligned}\boldsymbol{N}\cdot\boldsymbol{a}_1 &= \lambda_1\boldsymbol{a}_1\\ \boldsymbol{N}\cdot\boldsymbol{a}_2 &= \lambda_2\boldsymbol{a}_2\end{aligned} \tag{2-160}$$

$$\begin{aligned}\boldsymbol{a}_2\cdot\boldsymbol{N}\cdot\boldsymbol{a}_1 &= \lambda_1\boldsymbol{a}_2\cdot\boldsymbol{a}_1\\ \boldsymbol{a}_1\cdot\boldsymbol{N}\cdot\boldsymbol{a}_2 &= \lambda_2\boldsymbol{a}_1\cdot\boldsymbol{a}_2\end{aligned} \tag{2-161}$$

故而

$$\left(\lambda_1-\lambda_2\right)\boldsymbol{a}_1\cdot\boldsymbol{a}_2 = 0 \tag{2-162}$$

所以可得 $\boldsymbol{a}_1\cdot\boldsymbol{a}_2=0$。

2.4 张量分解

(1) 加法分解

对于一个二阶张量 $\boldsymbol{T}$，可以写成两部分

$$\boldsymbol{T}=\boldsymbol{N}+\boldsymbol{\Omega} \tag{2-163}$$

其中 $\boldsymbol{N}$ 为对称张量，写为

$$\boldsymbol{N}=\frac{1}{2}\left(\boldsymbol{T}+\boldsymbol{T}^{\mathrm{T}}\right) \tag{2-164}$$

$\boldsymbol{\Omega}$ 为反对称张量，写为

$$\boldsymbol{\Omega}=\frac{1}{2}\left(\boldsymbol{T}-\boldsymbol{T}^{\mathrm{T}}\right) \tag{2-165}$$

可以证明：一个对称二阶张量和一个反对称二阶张量进行双点积为 0。推导如下：

$$\begin{aligned}\boldsymbol{N}:\boldsymbol{\Omega}&=N^{ij}\boldsymbol{g}_i\boldsymbol{g}_j:\Omega_{kl}\boldsymbol{g}^k\boldsymbol{g}^l\\&=N^{ij}\Omega_{kl}\delta_i^k\delta_j^l\\&=N^{ij}\Omega_{ij}\\&=N^{ji}\Omega_{ji}\quad(ij\text{互换位置})\\&=-N^{ij}\Omega_{ij}\quad(\text{对称性})\end{aligned} \tag{2-166}$$

最后可得 $\boldsymbol{N}:\boldsymbol{\Omega}=N^{ij}\Omega_{ij}=0$。

进一步，一个对称张量 $\boldsymbol{N}$ 可以分解为一个球形张量 $\boldsymbol{P}$ 和一个偏斜张量 $\boldsymbol{D}$ 的和，即

$$\boldsymbol{N}=\boldsymbol{P}+\boldsymbol{D} \tag{2-167}$$

其中

$$\boldsymbol{P}=\frac{1}{3}\mathrm{tr}\boldsymbol{T}\boldsymbol{G}=\frac{1}{3}J_1\boldsymbol{G} \tag{2-168}$$

例如，对于应力和应变，通常写为

$$\boldsymbol{\sigma}=\frac{1}{3}\mathrm{tr}\boldsymbol{\sigma}\boldsymbol{G}+\boldsymbol{\sigma}' \tag{2-169}$$

$$\boldsymbol{\varepsilon}=\frac{1}{3}\mathrm{tr}\boldsymbol{\varepsilon}\boldsymbol{G}+\boldsymbol{\varepsilon}' \tag{2-170}$$

其中 $\boldsymbol{\sigma}'$ 和 $\boldsymbol{\varepsilon}'$ 分别为应力偏量和应变偏量，其迹分别为

$$\mathrm{tr}\boldsymbol{\sigma}' = 0 \tag{2-171}$$

$$\mathrm{tr}\boldsymbol{\varepsilon}' = 0 \tag{2-172}$$

写成矩阵形式为

$$[\boldsymbol{\sigma}] = \begin{pmatrix} \dfrac{J_1^\sigma}{3} & 0 & 0 \\ 0 & \dfrac{J_1^\sigma}{3} & 0 \\ 0 & 0 & \dfrac{J_1^\sigma}{3} \end{pmatrix} + \begin{pmatrix} \sigma_x - \dfrac{J_1^\sigma}{3} & \tau_{xy} & \tau_{xz} \\ \tau_{yx} & \sigma_y - \dfrac{J_1^\sigma}{3} & \tau_{yz} \\ \tau_{zx} & \tau_{zy} & \sigma_z - \dfrac{J_1^\sigma}{3} \end{pmatrix} \tag{2-173}$$

其中上式中第一项代表静水压力 $\sigma_0 = \dfrac{1}{3}\mathrm{tr}\boldsymbol{\sigma}$，在弹性力学和流体力学中发挥重要作用。

而在塑性力学中，通常认为应力和应变的偏量对塑性变形有主要影响，因此通常定义等效应力为

$$\sigma_{\mathrm{eq}} = \sqrt{\frac{3}{2}\boldsymbol{\sigma}' : \boldsymbol{\sigma}'} = \sqrt{\frac{3}{2}\sigma'_{ij}\sigma'_{ij}} \tag{2-174}$$

此即为 Mises 等效应力，而材料力学中的第四强度理论也称为 Huber-Mises 强度理论。相应地，第三强度理论也称为 Tresca 理论，而中国力学家俞茂宏 (1934~) 在此基础上则提出了双剪切强度理论，目前已经将其推广为统一强度理论。

等效应力也可以用主应力分量来表达

$$\sigma_{\mathrm{eq}} = \sqrt{\frac{1}{2}\left[(\sigma_1 - \sigma_2)^2 + (\sigma_2 - \sigma_3)^2 + (\sigma_3 - \sigma_1)^2\right]} \tag{2-175}$$

定义等效应变为

$$\varepsilon_{\mathrm{eq}} = \sqrt{\frac{2}{3}\boldsymbol{\varepsilon}' : \boldsymbol{\varepsilon}'} = \sqrt{\frac{2}{3}\varepsilon'_{ij}\varepsilon'_{ij}} \tag{2-176}$$

例如，连续介质力学中有两个典型例子，对于弹性体单向拉伸，一点的应力状态为

$$[\boldsymbol{\sigma}] = \begin{pmatrix} \sigma_x & 0 & 0 \\ 0 & 0 & 0 \\ 0 & 0 & 0 \end{pmatrix} \tag{2-177}$$

其球形部分为 $\frac{1}{3}\sigma_x\boldsymbol{G}$，则应力可以分解为

$$[\boldsymbol{\sigma}]=\begin{pmatrix}\dfrac{\sigma_x}{3} & 0 & 0\\ 0 & \dfrac{\sigma_x}{3} & 0\\ 0 & 0 & \dfrac{\sigma_x}{3}\end{pmatrix}+\begin{pmatrix}\dfrac{2\sigma_x}{3} & 0 & 0\\ 0 & -\dfrac{\sigma_x}{3} & 0\\ 0 & 0 & -\dfrac{\sigma_x}{3}\end{pmatrix} \tag{2-178}$$

故而其等效应力为

$$\sigma_{\mathrm{eq}}=\sqrt{\frac{3}{2}\sigma'_{ij}\sigma'_{ij}}=\sigma_x \tag{2-179}$$

对于纯剪切状态，一点的应力状态为

$$[\boldsymbol{\sigma}]=\begin{pmatrix}0 & \tau_{xy} & 0\\ \tau_{yx} & 0 & 0\\ 0 & 0 & 0\end{pmatrix} \tag{2-180}$$

其球形部分为 $\mathbf{0}$，则其偏斜应力为

$$[\boldsymbol{\sigma}']=\begin{pmatrix}0 & \tau_{xy} & 0\\ \tau_{yx} & 0 & 0\\ 0 & 0 & 0\end{pmatrix} \tag{2-181}$$

故而其等效应力为

$$\sigma_{\mathrm{eq}}=\sqrt{\frac{3}{2}\sigma'_{ij}\sigma'_{ij}}=\sqrt{3}\tau_{xy} \tag{2-182}$$

通过上式，可以证明许用正应力和许用切应力存在关系 $[\sigma]=\sqrt{3}\,[\tau]$。

(2) 乘法分解 (极分解)

一个正则的二阶张量 $\boldsymbol{T}$ 可以分解为一个正交张量 $\boldsymbol{Q}$(或者 $\boldsymbol{Q}_1$) 与一个对称张量 $\boldsymbol{H}$(或 $\boldsymbol{H}_1$) 的点积：

$$\boldsymbol{T}=\boldsymbol{Q}\cdot\boldsymbol{H}=\boldsymbol{H}_1\cdot\boldsymbol{Q}_1 \tag{2-183}$$

上面两种分解分别称为二阶张量 $\boldsymbol{T}$ 的右极分解和左极分解。

对二阶张量 $\boldsymbol{T}$ 做进一步运算，可以得到

$$\boldsymbol{T}^{\mathrm{T}}=(\boldsymbol{Q}\cdot\boldsymbol{H})^{\mathrm{T}}=\boldsymbol{H}\cdot\boldsymbol{Q}^{\mathrm{T}} \tag{2-184}$$

$$\boldsymbol{T}^{\mathrm{T}}=(\boldsymbol{H}_1\cdot\boldsymbol{Q}_1)^{\mathrm{T}}=\boldsymbol{Q}_1^{\mathrm{T}}\cdot\boldsymbol{H}_1 \tag{2-185}$$

$$\boldsymbol{T}^{\mathrm{T}}\cdot\boldsymbol{T}=\boldsymbol{H}\cdot\boldsymbol{Q}^{\mathrm{T}}\cdot\boldsymbol{Q}\cdot\boldsymbol{H}=\boldsymbol{H}^2 \tag{2-186}$$

$$\boldsymbol{T}\cdot\boldsymbol{T}^{\mathrm{T}}=\boldsymbol{H}_1\cdot\boldsymbol{Q}^{\mathrm{T}}\cdot\boldsymbol{Q}\cdot\boldsymbol{H}_1=\boldsymbol{H}_1^2 \tag{2-187}$$

故此

$$\boldsymbol{H}=\sqrt{\boldsymbol{T}^{\mathrm{T}}\cdot\boldsymbol{T}} \tag{2-188}$$

$$\boldsymbol{H}_1=\sqrt{\boldsymbol{T}\cdot\boldsymbol{T}^{\mathrm{T}}} \tag{2-189}$$

而

$$\boldsymbol{Q}=\boldsymbol{T}\cdot\boldsymbol{H}^{-1} \tag{2-190}$$

$$\boldsymbol{Q}_1=(\boldsymbol{H}_1)^{-1}\cdot\boldsymbol{T} \tag{2-191}$$

同一张量的左右极分解存在关系

$$\boldsymbol{Q}=\boldsymbol{Q}_1 \tag{2-192}$$

$$\boldsymbol{H}=\boldsymbol{Q}^{\mathrm{T}}\cdot\boldsymbol{H}_1\cdot\boldsymbol{Q} \tag{2-193}$$

$$\boldsymbol{H}_1=\boldsymbol{Q}\cdot\boldsymbol{H}\cdot\boldsymbol{Q}^{\mathrm{T}} \tag{2-194}$$

若 $\boldsymbol{M}^2=\boldsymbol{N}$，则定义 $\boldsymbol{N}$ 的方根为 $\boldsymbol{M}$

$$\boldsymbol{M}=\boldsymbol{N}^{1/2} \tag{2-195}$$

张量的乘法分解具有广泛的应用。例如，在连续介质力学中，变形梯度张量 $\boldsymbol{F}$ 就可以进行极分解：

$$\boldsymbol{F}=\boldsymbol{R}\cdot\boldsymbol{U}=\boldsymbol{V}\cdot\boldsymbol{R} \tag{2-196}$$

其中 $\boldsymbol{R}$ 为正交张量，代表转动。

$\boldsymbol{R}\cdot\boldsymbol{U}$ 为变形梯度张量的右极分解，表示介质先按照张量 $\boldsymbol{U}$ 变形，然后按照正交张量 $\boldsymbol{R}$ 进行转动。$\boldsymbol{V}\cdot\boldsymbol{R}$ 为变形梯度张力的左极分解，表示介质先按照正交张量 $\boldsymbol{R}$ 进行转动，然后按照张量 $\boldsymbol{V}$ 变形。

$$\boldsymbol{U}=\sqrt{\boldsymbol{F}^{\mathrm{T}}\cdot\boldsymbol{F}} \tag{2-197}$$

$$\boldsymbol{V}=\sqrt{\boldsymbol{F}\cdot\boldsymbol{F}^{\mathrm{T}}} \tag{2-198}$$

补注：我国科学家在理性力学方面的贡献。

与张量分析密切相关的学科之一为理性力学 (rational mechanics)，它是力学的一个重要分支，是力学中的一门横断的基础学科，是力学和数学高度结合的典范，也是连续统物理的理论基础。其目的是用数学的基本理论和严格的逻辑推理研究力学中带共性的问题。一方面它用统一的观点对各种传统力学分支进行系统地和综合地探讨，建立连续介质力学的公理体系，以及任意介质都适用的一般原理；另一方面演绎出一套完整的力学理论，发展新概念，解决科学和工程中提出的难题，它们是传统理论无法解决的。理性力学的特点强调概念的确切性和数学证明的严格性，并力图用公理体系来演绎力学理论。它和数学一样具有高度的概括性和普适性，追求理论的深度和广度，注重解决连续介质力学所面临的挑战性问题，不断提出新概念、新思想。理性力学的科学内容涉及连续介质力学、物质理论、热力学、电磁连续介质力学、混合物理论、连续介质波动理论、非协调连续统理论、相对论等。它来源于传统的各力学分支，如分析力学、固体力学、流体力学、热力学和连续介质力学等，并与它们相结合，产生了理性弹性力学、理性热力学、理性连续介质力学等理性力学的新分支。

我国一些著名的科学家在理性力学方面取得了一批开创性的成果，例如，郭仲衡建立了两点张量的抽象记法，在连续介质力学中率先使用 Lie 导数，得到非线性弹性动力学现有的 3 个精确解中的 2 个，解决了 3 个本构基本量的正确定义及内蕴表达，所给出的伸缩张量率被称为 “郭氏速率定理”；建立了开闭口薄壁杆件的统一理论；提出了对场问题普适可用的 “主轴内蕴法”。

陈至达专于非线性有限变形力学理论，提出了 R-S 分解理论，并将分形方法应用于裂隙岩体非连续变形、强度和破坏的研究，形成了裂隙岩体非连续行为分形研究的新方向，并与损伤力学相结合在岩爆、开采沉陷、顶煤破碎块度控制等矿山工程应用中获得成功。

习　　题

2.1　试证明若一张量的所有分量在某一坐标系中为零，则它们在任何其他坐标系中亦必为零。

2.2　已知：$\boldsymbol{N}$ 为对称二阶张量，$\boldsymbol{\Omega}$ 为反对称二阶张量，$\boldsymbol{u}$ 为任意矢量。求证：(1)$\boldsymbol{u}\cdot\boldsymbol{N}=\boldsymbol{N}\cdot\boldsymbol{u}$；(2)$\boldsymbol{u}\cdot\boldsymbol{\Omega}=-\boldsymbol{\Omega}\cdot\boldsymbol{u}$。

2.3　已知：矩阵

$$\left[T^{ij}\right]=\begin{bmatrix}1 & 2 & 3\\ 2 & -4 & 5\\ 3 & 5 & -6\end{bmatrix}$$

试计算矩阵 $[T^{i}_{\cdot j}]$ 与 $\left[T_{i}^{\cdot j}\right]$，从而说明尽管 $[T^{ij}]$ 为对称且这两个矩阵互为转置，但不对称。

2.4　已知：任意二阶张量 $\boldsymbol{T}$，$\boldsymbol{S}$。求证：$T^{ij}S_{ij} = T_{ij}S^{ij}$。

2.5　由应变 ε_{ij} 的定义 $\mathrm{d}\hat{\boldsymbol{r}}\cdot\mathrm{d}\hat{\boldsymbol{r}} - \mathrm{d}\boldsymbol{r}\cdot\mathrm{d}\boldsymbol{r} = 2\varepsilon_{ij}\mathrm{d}x^i\mathrm{d}x^j$ 出发，求证 ε_{ij} 是对称二阶张量的分量。式中 $\mathrm{d}x^i$ 是介质的拉格朗日坐标的微分。

2.6　已知：坐标系 x^i 中数组 $S(ij)$ 与坐标系 $x^{i'}$ 中数组 $S(k'l')$ 恒满足关系：$S(ij)\,u^iv^j = S(k'l')\,u^{k'}v^{l'}$，其中 u^i 与 $u^{k'}$，v^j 与 $v^{l'}$ 为两个任意矢量在相应坐标系中的逆变分量。求证：$S(ij)$ 必为二阶张量的协变分量 S_{ij}。

2.7　已知 v_k 为一矢量的协变分量。求证：$\dfrac{\partial v_m}{\partial x^n} - \dfrac{\partial v_n}{\partial x^m}$ 为一反对称二阶张量的协变分量。

2.8　已知：二阶对称张量 $\boldsymbol{N}$，二阶反对称张量 $\boldsymbol{\Omega}$。求证：$\boldsymbol{N}:\boldsymbol{\Omega}=0$。

2.9　已知：$\boldsymbol{T}$，$\boldsymbol{S}$ 为任意二阶张量，$\boldsymbol{T}^{\mathrm{T}}$，$\boldsymbol{S}^{\mathrm{T}}$ 为它们的转置张量。求证：$\boldsymbol{T}:\boldsymbol{S}=\boldsymbol{S}:\boldsymbol{T}=\boldsymbol{T}^{\mathrm{T}}:\boldsymbol{S}^{\mathrm{T}}=\boldsymbol{S}^{\mathrm{T}}:\boldsymbol{T}^{\mathrm{T}}$。

2.10　已知：$\boldsymbol{a}$，$\boldsymbol{b}$ 为任意矢量，$\boldsymbol{N}$ 为二阶对称张量，$\boldsymbol{\Omega}$ 为二阶反对称张量。求证：(1)$\boldsymbol{N}:\boldsymbol{ab}=\boldsymbol{ba}:\boldsymbol{N}$；(2)$\boldsymbol{\Omega}:\boldsymbol{ab}=\boldsymbol{ba}:\boldsymbol{\Omega}$。

2.11　已知：任意张量 $\boldsymbol{T}$ 和度量张量 $\boldsymbol{G}$。求证：$\boldsymbol{G}\cdot\boldsymbol{T}=\boldsymbol{T}=\boldsymbol{T}\cdot\boldsymbol{G}$。

2.12　已知：二阶张量 $\boldsymbol{T}$，$\boldsymbol{S}$，对于任意矢量 $\boldsymbol{a}$，$\boldsymbol{b}$，$\boldsymbol{a}\cdot\boldsymbol{T}\cdot\boldsymbol{b}=\boldsymbol{a}\cdot\boldsymbol{S}\cdot\boldsymbol{b}$ 均成立。求证：$\boldsymbol{T}=\boldsymbol{S}$。

2.13　已知：二阶对称张量 $\boldsymbol{M}$，$\boldsymbol{N}$，对于任意矢量 $\boldsymbol{a}$，$\boldsymbol{b}$，均有 $\boldsymbol{a}\cdot\boldsymbol{M}\cdot\boldsymbol{b}=\boldsymbol{a}\cdot\boldsymbol{N}\cdot\boldsymbol{b}$。求证：$\boldsymbol{M}=\boldsymbol{N}$。

2.14　在笛卡儿坐标系中，各向同性材料的弹性关系为

$$\varepsilon^{11} = \frac{1}{E}\left[\sigma^{11} - \nu\left(\sigma^{22}+\sigma^{33}\right)\right],\quad \varepsilon^{12} = \frac{1+\nu}{E}\sigma^{12}$$

$$\varepsilon^{22} = \frac{1}{E}\left[\sigma^{22} - \nu\left(\sigma^{33}+\sigma^{11}\right)\right],\quad \varepsilon^{23} = \frac{1+\nu}{E}\sigma^{23}$$

$$\varepsilon^{33} = \frac{1}{E}\left[\sigma^{33} - \nu\left(\sigma^{11}+\sigma^{22}\right)\right],\quad \varepsilon^{31} = \frac{1+\nu}{E}\sigma^{31}$$

(1) 利用商法则证明此式必定可以表示为一个张量的代数运算等式，写出其实体形式，说明等式中各阶张量的阶数。

(2) 将上式表示为可运用于任意坐标系的张量分量形式。

(3) 写出任意坐标系中的协变分量 D_{ijkl} 用 E,ν 及度量张量分量表达的形式，以及 $\boldsymbol{D}$ 的并矢表达式。

2.15　设在二维空间内 $\boldsymbol{u}$ 为任意矢量，$\boldsymbol{v}$ 为另一矢量，且 $\boldsymbol{v}=\boldsymbol{u}\cdot\boldsymbol{\varepsilon}=-\boldsymbol{\varepsilon}\cdot\boldsymbol{u}$。求证：$\boldsymbol{v}\cdot\boldsymbol{u}=0$，$|\boldsymbol{v}|=|\boldsymbol{u}|$(即 $\boldsymbol{v}=\boldsymbol{g}_3\times\boldsymbol{u}$，如习题 2.15 图所示，$\boldsymbol{g}_3$ 垂直于纸面向外)。

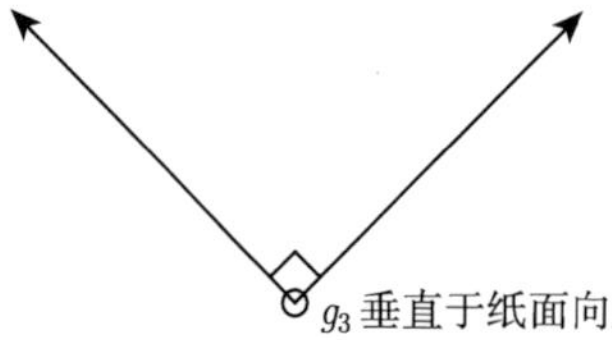

习题 2.15 图

2.16　已知 $\boldsymbol{A}$，$\boldsymbol{B}$，$\boldsymbol{C}$，$\boldsymbol{D}$ 为矢量。利用置换张量求证：$(\boldsymbol{A}\times\boldsymbol{B})\cdot(\boldsymbol{C}\times\boldsymbol{D})=(\boldsymbol{A}\cdot\boldsymbol{B})(\boldsymbol{C}\cdot\boldsymbol{D})-(\boldsymbol{A}\cdot\boldsymbol{D})(\boldsymbol{B}\cdot\boldsymbol{C})$。

2.17　定义轮换张量 $\boldsymbol{S}=\delta_{jq}^{ip}\boldsymbol{g}_i\boldsymbol{g}_p\boldsymbol{g}^j\boldsymbol{g}^q$ 且 $\delta_{jq}^{ip}=\delta_j^i\delta_q^p-\delta_q^i\delta_j^p$，设 $\boldsymbol{C}$ 为任意二阶张量，$\boldsymbol{C}=C_{rs}\boldsymbol{g}^r\boldsymbol{g}^s$。求证：$\dfrac{1}{2}\boldsymbol{S}:\boldsymbol{C}=\dfrac{1}{2}\boldsymbol{C}:\boldsymbol{S}=\dfrac{1}{2}(C_{rs}-C_{sr})\boldsymbol{g}^r\boldsymbol{g}^s$，即得到反对称化张量。

2.18　定义轮换张量 $\boldsymbol{V}=\delta_{lmn}^{ijk}\boldsymbol{g}_i\boldsymbol{g}_j\boldsymbol{g}_k\boldsymbol{g}^l\boldsymbol{g}^m\boldsymbol{g}^n$ 且 $\delta_{lmn}^{ijk}=\varepsilon^{ijk}\varepsilon_{lmn}$，设 $\boldsymbol{T}$ 为任意张量 $T^{rst}_{\cdots pq}\boldsymbol{g}_r\boldsymbol{g}_s\boldsymbol{g}_t\boldsymbol{g}^p\boldsymbol{g}^q$。求证：$\dfrac{1}{6}\boldsymbol{V}\,\vdots\,\boldsymbol{T}=\dfrac{1}{6}\delta_{lmn}^{ijk}T^{rst}_{\cdots pq}\boldsymbol{g}_i\boldsymbol{g}_j\boldsymbol{g}_k\boldsymbol{g}^p\boldsymbol{g}^q$(对上标 i，j，k 的任意两个均为反对称)。

2.19　已知 $\boldsymbol{\Omega}$ 为二阶反对称张量，矢量 $\boldsymbol{\omega}$ 与 $\boldsymbol{\Omega}$ 互为反偶，即满足 $\boldsymbol{\omega}=-\dfrac{1}{2}\boldsymbol{\varepsilon}:\boldsymbol{\Omega}$。求证：对于任一矢量 $\boldsymbol{u}$，必满足 $\boldsymbol{\Omega}\cdot\boldsymbol{u}=\boldsymbol{\omega}\times\boldsymbol{u}$。

2.20　已知：矢量 $\boldsymbol{\omega}$ 与二阶反对称张量 $\boldsymbol{\Omega}$ 互为反偶，即满足 $\boldsymbol{\omega}=-\dfrac{1}{2}\boldsymbol{\varepsilon}:\boldsymbol{\Omega}$。求证：$\boldsymbol{\Omega}=-\boldsymbol{\varepsilon}\times\boldsymbol{\omega}=-\boldsymbol{\omega}\cdot\boldsymbol{\varepsilon}$。

2.21　已知：矢量 $\boldsymbol{\omega}$ 与二阶反对称张量 $\boldsymbol{\Omega}$ 互为反偶，$\boldsymbol{\omega}=-\dfrac{1}{2}\boldsymbol{\varepsilon}:\boldsymbol{\Omega}$，矢量 $\boldsymbol{v}$ 与 $\boldsymbol{\omega}$ 平行。求证：$\boldsymbol{\Omega}\cdot\boldsymbol{v}=\boldsymbol{0}$。

2.22　已知：矢量 $\boldsymbol{\omega}_1$ 与二阶反对称张量 $\boldsymbol{\Omega}_1$ 互为反偶，矢量 $\boldsymbol{\omega}_2$ 与二阶反对称张量 $\boldsymbol{\Omega}_2$ 互为反偶。求证：$\boldsymbol{\omega}_1\cdot\boldsymbol{\omega}_2=\dfrac{1}{2}\boldsymbol{\Omega}_1:\boldsymbol{\Omega}_2$。

第 3 章　张量函数及场方程

3.1 张量函数

1. 定义

在自然界和工程应用中，各种物理现象常常用张量之间的组合关系来表示。一般地，若一个张量 $\boldsymbol{H}$ 依赖于 n 个张量 $\boldsymbol{T}_1$，$\boldsymbol{T}_2$，$\boldsymbol{T}_3$，$\cdots$，$\boldsymbol{T}_n$ 而变化，即当 $\boldsymbol{T}_1$，$\boldsymbol{T}_2$，$\boldsymbol{T}_3$，$\cdots$，$\boldsymbol{T}_n$ 给定时，$\boldsymbol{H}$ 可以对应地确定。也就是说，在任意坐标系中，$\boldsymbol{H}$ 的每个分量都是 $\boldsymbol{T}_1$，$\boldsymbol{T}_2$，$\boldsymbol{T}_3$，$\cdots$，$\boldsymbol{T}_n$ 的一切分量的函数，则称 $\boldsymbol{H}$ 是张量 $\boldsymbol{T}_1$，$\boldsymbol{T}_2$，$\boldsymbol{T}_3$，$\cdots$，$\boldsymbol{T}_n$ 的张量函数，记为

$$\boldsymbol{H} = \boldsymbol{F}\left(\boldsymbol{T}_1, \boldsymbol{T}_2, \boldsymbol{T}_3, \cdots, \boldsymbol{T}_n\right) \tag{3-1}$$

例如, 若二阶张量 $\boldsymbol{H}$ 是以二阶张量 $\boldsymbol{T}$ 为自变量的多项式函数，则写为

$$\boldsymbol{H} = \boldsymbol{F}(\boldsymbol{T}) = c_0\boldsymbol{G} + c_1\boldsymbol{T} + c_2\boldsymbol{T}^2 + \cdots + c_k\boldsymbol{T}^k \tag{3-2}$$

张量函数的例子很多，例如:

1) 矢量 $\boldsymbol{u}$ 的标量函数

$$f(\boldsymbol{u}) = u^1 + u^2 + u^3 \tag{3-3}$$

2) 质点的动能: 矢量 $\boldsymbol{v}$ 的标量函数

$$T(\boldsymbol{v}) = \frac{1}{2}m\boldsymbol{v}^2 \tag{3-4}$$

其中 $\boldsymbol{v}$ 和 m 分别为质点的速度和质量。

3) 类似地，可以定义质点的动量: 矢量 $\boldsymbol{v}$ 的矢量函数

$$\boldsymbol{P}(\boldsymbol{v}) = m\boldsymbol{v} \tag{3-5}$$

4) 弹簧的弹力: 矢量 $\boldsymbol{u}$ 的矢量函数

$$\boldsymbol{F}(\boldsymbol{u}) = -k\boldsymbol{u} \tag{3-6}$$

其中 k 为弹簧的弹性系数，$\boldsymbol{u}$ 为弹簧加力点的位移。

5) 应力的三个不变量：二阶张量的标量函数

$$J_1(\boldsymbol{\sigma}) = \mathrm{tr}\boldsymbol{\sigma} = \sigma^{i}_{\cdot i} \tag{3-7}$$

$$J_2(\boldsymbol{\sigma}) = \frac{1}{2}\left[(\mathrm{tr}\boldsymbol{\sigma})^2 - \mathrm{tr}\boldsymbol{\sigma}^2\right] \tag{3-8}$$

$$J_3(\boldsymbol{\sigma}) = \det\boldsymbol{\sigma} \tag{3-9}$$

其中三个不变量依次是应力分量的一次、二次和三次函数。

6) 二阶张量的转置：二阶张量的二阶张量函数

$$\boldsymbol{H}(\boldsymbol{T}) = \boldsymbol{T}^{\mathrm{T}} = T_{ij}\boldsymbol{g}^j\boldsymbol{g}^i = T_{j}^{\cdot i}\boldsymbol{g}_i\boldsymbol{g}^j \tag{3-10}$$

7) 广义胡克定律 (也称为郑玄–胡克定律)：二阶张量的二阶张量函数

$$\boldsymbol{\sigma}(\boldsymbol{\varepsilon}) = 2\mu\boldsymbol{\varepsilon} + \lambda\mathrm{tr}\boldsymbol{\varepsilon}\boldsymbol{G} \tag{3-11}$$

其中 $\boldsymbol{\sigma}$ 和 $\boldsymbol{\varepsilon}$ 为应力和应变张量，μ 和 λ 为拉梅系数，它们和剪切模量 G、弹性模量 E、泊松比 ν 之间的关系为：$\mu = G = \dfrac{E}{2(1+\nu)}$，$\lambda = \dfrac{E\nu}{(1+\nu)(1-2\nu)}$。上述本构关系的等效形式为

$$\boldsymbol{\varepsilon}(\boldsymbol{\sigma}) = \frac{1+\upsilon}{E}\boldsymbol{\sigma} - \frac{\upsilon}{E}\mathrm{tr}\boldsymbol{\sigma}G \tag{3-12}$$

在直角坐标系中，写成分量形式为

$$\varepsilon_x = \frac{1}{E}\left[\sigma_x - \nu(\sigma_y + \sigma_z)\right] \tag{3-13}$$

$$\varepsilon_y = \frac{1}{E}\left[\sigma_y - \nu(\sigma_x + \sigma_z)\right] \tag{3-14}$$

$$\varepsilon_z = \frac{1}{E}\left[\sigma_z - \nu(\sigma_x + \sigma_y)\right] \tag{3-15}$$

$$\varepsilon_{xy} = \frac{\tau_{xy}}{2\mu} \tag{3-16}$$

$$\varepsilon_{yz} = \frac{\tau_{yz}}{2\mu} \tag{3-17}$$

$$\varepsilon_{zx} = \frac{\tau_{zx}}{2\mu} \tag{3-18}$$

补注：拉梅 (Gabriel Lamé，1795~1870) 是法国数学家和工程师。他运用曲线坐标对偏微分方程理论和数学弹性力学做出了重要贡献。在著名的路易勒格朗中学学习后，拉梅 1813 年进入法国综合理工学院，1817 年进入国立巴黎高等矿业学校学习。1820 年，拉梅开始在彼得堡大学任教。在那里的 11 年中，他讲授了微积分、理性力学、物理学、应用力学、应用物理和艺术建筑。沙皇政府还委派他设计悬索桥。回国后，拉梅执教于法国综合理工学院、巴黎大学。拉梅的研究领域涉及微分几何、数论、热力学、应用力学及公路、桥梁等许多方面。

泊松 (Simeon-Denis Poisson，1781~1840)，法国数学家、物理学家和力学家。1798 年入巴黎综合工科学校深造，1800 年毕业后留校任教，1812 年当选为巴黎科学院院士。泊松的科学生涯开始于研究微分方程及其在摆的运动和声学理论中的应用。他工作的特色是应用数学方法研究各类物理问题，并由此得到数学上的发现。他对积分理论、行星运动理论、热物理、弹性理论、电磁理论、位势理论和概率论都有重要贡献，还是 19 世纪概率统计领域里的卓越人物。他改进了概率论的运用方法，特别是用于统计方面的方法，建立了描述随机现象的一种概率分布，即泊松分布。他推广了"大数定律"，并导出了在概率论与数理方程中有重要应用的泊松积分。在数学和物理中以他的姓名命名的有：泊松定理、泊松公式、泊松方程、泊松分布、泊松过程、泊松积分、泊松级数、泊松变换、泊松代数、泊松比、泊松流、泊松核、泊松括号、泊松稳定性、泊松积分表示、泊松求和法等。他的名言是"人生只有两样美好的事情：发现数学和教数学"。

通常认为，几乎所有的材料泊松比值都为正，约为 1/3，如橡胶类材料为 1/2，金属铝为 0.133，铜为 0.127，典型的聚合物泡沫为 0.11~0.14 等，即这些材料在拉伸时材料的横向发生收缩。而负泊松比效应是指受拉伸时，材料在弹性范围内横向发生膨胀，而受压缩时材料的横向反而发生收缩。这种现象在热力学上是可能的，但通常材料中并没有普遍观察到负泊松比效应的存在。近年来发现的一些特殊结构的材料具有负泊松比效应，由于其奇特的性能而备受材料科学家和物理学家们的重视。进一步可以想象，如果将负泊松比材料用于医学领域，可以很大程度上缓解由动脉硬化、血栓等疾病对人体造成的危险。负泊松比泡沫还具有特殊的弹性和对声音的吸收能力，可以用于制造隔音材料。总之，负泊松比材料不仅在日常生活用品如瓶塞、坐垫的制造等具有重要意义，同时对于国家的某些重要领域，如航空、国防、电子产业也有着巨大的潜在价值。

8) 二阶 Maxwell 应力张量：在电磁学里面，Maxwell 应力张量体现了电场力、磁场力和机械动量之间的相互作用。其表达式为

$$\boldsymbol{\sigma} = \varepsilon_0 \boldsymbol{E}\boldsymbol{E} + \frac{1}{\mu_0}\boldsymbol{B}\boldsymbol{B} - \frac{1}{2}\left(\varepsilon_0 E^2 + \frac{1}{\mu_0}B^2\right)\boldsymbol{G} \tag{3-19}$$

$$\sigma_{ij} = \varepsilon_0 E_i E_j + \frac{1}{\mu_0}B_i B_j - \frac{1}{2}\left(\varepsilon_0 E^2 + \frac{1}{\mu_0}B^2\right)\delta_{ij} \tag{3-20}$$

其中 ε_0 和 μ_0 分别为真空的电导率和磁导率，$\boldsymbol{E}$ 为电场强度矢量，$\boldsymbol{B}$ 为磁感应强度矢量。

9) 能量–动量张量：

$$\boldsymbol{P} = W\boldsymbol{G} - \frac{\partial W}{\partial u_{l,j}} u_{l,i} \boldsymbol{e}_i \boldsymbol{e}_j \tag{3-21}$$

$$P_{ij} = W\delta_{ij} - \frac{\partial W}{\partial u_{l,j}} u_{l,i} \tag{3-22}$$

式中 $\boldsymbol{u}$ 为位移矢量，W 为单位体积的弹性应变能密度。在宏观断裂力学中，Rice 所提出的 J 积分矢量定义为能量–动量张量的散度。能量–动量张量是由英国皇家学会会员 Eshelby 提出的。

10) 等效应力：二阶张量的标量函数

$$\sigma_{\rm eq}(\boldsymbol{\sigma}) = \sqrt{\frac{3}{2}\boldsymbol{\sigma}' : \boldsymbol{\sigma}'} \tag{3-23}$$

类似等效应变也为应变的标量函数

$$\varepsilon_{\rm eq}(\boldsymbol{\varepsilon}) = \sqrt{\frac{2}{3}\boldsymbol{\varepsilon}' : \boldsymbol{\varepsilon}'} \tag{3-24}$$

11) 压电本构关系：多种自变量的二阶张量函数

$$\boldsymbol{\sigma} = \boldsymbol{H}(\boldsymbol{\varepsilon}, \boldsymbol{E}, T) = \boldsymbol{c} : \boldsymbol{\varepsilon} + \boldsymbol{B} \cdot \boldsymbol{E} + \boldsymbol{A}T \tag{3-25}$$

$$\sigma_{ij} = c_{ijkl}\varepsilon^{kl} + B_{ijk}E^k + A_{ij}T \tag{3-26}$$

其中 $\boldsymbol{E}$ 为电场强度矢量，T 为温度，$\boldsymbol{B}$ 为压电张量，$\boldsymbol{A}$ 为热张量，上式第一项即为通常所用的线弹性材料的应力–应变关系。

12) 二阶张量的指数函数

$$\mathrm{e}^{T} = \boldsymbol{G} + \frac{\boldsymbol{T}}{1!} + \frac{\boldsymbol{T}^2}{2!} + \frac{\boldsymbol{T}^3}{3!} + \cdots + \frac{\boldsymbol{T}^n}{n!} + \cdots \tag{3-27}$$

$$\mathrm{e}^{2T} = \mathrm{e}^{T} \cdot \mathrm{e}^{T} \tag{3-28}$$

2. 各向同性张量函数

由于张量的分量一般因坐标转换而发生变化，因此描述张量函数时，同一个函数在不同坐标系中有不同的形式。

我们有时候感兴趣的是这样一类张量函数，即它们的表示形式不因坐标系的刚性旋转而改变，这样的张量函数称为各向同性张量函数。而在实际应用中，力学性质与方向无关的材料称为各向同性材料。例如，如果我们对某种金属做拉伸试验，发现其结果与拉伸试件从胚料中取出的方向无关，而且在垂直于拉伸的各个方向上其横向收缩都相同，则可以认为该金属为各向同性的。如果材料为各向同性，则其本构方程在坐标的正交变换中保持不变。而通常所说的正交变换是由坐标轴的平移、旋转和反射所组成的。

一般地，可以定义张量 X 的旋转量 $\tilde{X}$：

1) 若 $X=\varphi$ 为标量，则

$$\tilde{X}=\tilde{\varphi}=\varphi \tag{3-29}$$

2) 若 $X=\boldsymbol{u}$ 为矢量，则

$$\tilde{X}=\tilde{\boldsymbol{u}}=\boldsymbol{Q}\cdot\boldsymbol{u}=\boldsymbol{u}\cdot\boldsymbol{Q}^{\mathrm{T}} \tag{3-30}$$

3) 若 $X=\boldsymbol{T}$ 为二阶张量，则 $\tilde{X}$ 为 $\boldsymbol{T}$ 的正交相似张量

$$\tilde{X}=\tilde{\boldsymbol{T}}=\boldsymbol{Q}\cdot\boldsymbol{T}\cdot\boldsymbol{Q}^{\mathrm{T}} \tag{3-31}$$

式中 $\boldsymbol{Q}$ 为正交张量。

若一个函数 $\chi=f(X_1,X_2,\cdots,X_n)$，当将自变量 $X_1\cdots X_n$ 改为其旋转量 $\tilde{X}_1\cdots\tilde{X}_n$ 时，函数值 χ 相应地变为 $\tilde{\chi}$，即

$$\tilde{\chi}=f\left(\tilde{X}_1,\tilde{X}_2,\cdots,\tilde{X}_n\right) \tag{3-32}$$

则称此函数为各向同性函数。

如 $\chi=f(\boldsymbol{\sigma})=\mathrm{tr}\boldsymbol{\sigma}$，则 $\tilde{\boldsymbol{\sigma}}=\boldsymbol{Q}\cdot\boldsymbol{\sigma}\cdot\boldsymbol{Q}^{\mathrm{T}}$。但由于

$$\tilde{\chi}=f(\tilde{\boldsymbol{\sigma}})=\mathrm{tr}\boldsymbol{\sigma}=\mathrm{tr}\tilde{\boldsymbol{\sigma}} \tag{3-33}$$

所以 χ 为二阶张量 $\boldsymbol{\sigma}$ 的各向同性标量函数。

如 $\chi=f(\boldsymbol{\varepsilon})=\boldsymbol{\varepsilon}^2$，则 $\tilde{\boldsymbol{\varepsilon}}=\boldsymbol{Q}\cdot\boldsymbol{\varepsilon}\cdot\boldsymbol{Q}^{\mathrm{T}}$。由于

$$\begin{aligned}\tilde{\chi}&=f(\tilde{\boldsymbol{\varepsilon}})=\tilde{\boldsymbol{\varepsilon}}^2\\&=\left(\boldsymbol{Q}\cdot\boldsymbol{\varepsilon}\cdot\boldsymbol{Q}^{\mathrm{T}}\right)\cdot\left(\boldsymbol{Q}\cdot\boldsymbol{\varepsilon}\cdot\boldsymbol{Q}^{\mathrm{T}}\right)\\&=\boldsymbol{Q}\cdot\boldsymbol{\varepsilon}^2\cdot\boldsymbol{Q}^{\mathrm{T}}\\&=\boldsymbol{Q}\cdot\chi\cdot\boldsymbol{Q}^{\mathrm{T}}\end{aligned}\tag{3-34}$$

所以 $\chi=f(\boldsymbol{\varepsilon})=\boldsymbol{\varepsilon}^2$ 为二阶张量的二阶张量函数。

3. 各向同性条件

(1) 矢量的标量函数

可证明：矢量 $\boldsymbol{v}_1$，$\boldsymbol{v}_2$，$\cdots$，$\boldsymbol{v}_m$ 的标量函数 $f(\boldsymbol{v}_1,\boldsymbol{v}_2,\cdots,\boldsymbol{v}_m)$ 为各向同性的充要条件为 f 可以表示为内积 $\boldsymbol{v}_i\cdot\boldsymbol{v}_j$ 的函数。

特别地，矢量 $\boldsymbol{v}$ 的标量函数 $\varphi=f(\boldsymbol{v})$ 为各向同性的充要条件为

$$\varphi=f(|\boldsymbol{v}|)\tag{3-35}$$

(2) 二阶张量的标量函数

可证明：二阶张量 $\boldsymbol{T}$ 的标量函数 $\varphi=f(\boldsymbol{T})$ 为各向同性的充要条件为：φ 是仅由 $\boldsymbol{T}$ 与度量张量 $\boldsymbol{G}$ 的分量所决定的标量不变量。

$$\varphi=f\left(T^{ij},g_{kl}\right)\tag{3-36}$$

对称二阶张量 $\boldsymbol{N}$ 的标量函数 $\varphi=f(\boldsymbol{N})$ 为各向同性的充要条件为：φ 是仅由 $\boldsymbol{N}$ 的三个主不变量所决定的标量函数

$$\varphi=f(\boldsymbol{N})=f\left(J_1^N,J_2^N,J_3^N\right)\tag{3-37}$$

(3) 二阶张量的二阶张量函数

我们仅考虑对称张量 $\boldsymbol{N}$ 的对称张量函数 $\boldsymbol{H}=\boldsymbol{f}(\boldsymbol{N})$，其为各向同性的充要条件为

$$\boldsymbol{H}=\boldsymbol{f}(\boldsymbol{N})=k_0\boldsymbol{G}+k_1\boldsymbol{N}+k_2\boldsymbol{N}^2\tag{3-38}$$

式中 $k_i=k_i\left(J_1^N,J_2^N,J_3^N\right),i=0,\ 1,\ 2$。

例 1 已知各向同性线弹性材料仅有两个独立的弹性常数。实验中，将一块各向同性材料沿着某个方向切割成拉伸试件进行试验，所得到的载荷–位移曲线与沿任何其他方向切割试件所得结果相同。则其应力应变关系可以根据前述结论进行判断，即

$$\boldsymbol{\sigma} = k_0\boldsymbol{G} + k_1\boldsymbol{\varepsilon} + k_2\boldsymbol{\varepsilon}^2 \tag{3-39}$$

其中 $k_i = k_i\left(J_1^{\varepsilon}, J_2^{\varepsilon}, J_3^{\varepsilon}\right), i = 0, 1, 2$。

若已知材料为线弹性，在本构关系中最高只能出现应变分量的一次式，由此可知

$$\begin{aligned} k_0 &= \alpha + \lambda J_1^{\varepsilon} \\ k_1 &= 2\mu \\ k_2 &= 0 \end{aligned} \tag{3-40}$$

其中 k_0 包含了应变的一次式 J_1^{ε}。进一步考虑无初应力假设，则 $\alpha=0$。则线弹性材料的本构关系为

$$\boldsymbol{\sigma} = \lambda J_1^{\varepsilon}\boldsymbol{G} + 2\mu\boldsymbol{\varepsilon} \tag{3-41}$$

对于平面应力问题，

$$\sigma_x = \frac{E}{1-\nu^2}\left(\varepsilon_x + \nu\varepsilon_y\right) \tag{3-42}$$

$$\sigma_y = \frac{E}{1-\nu^2}\left(\varepsilon_y + \nu\varepsilon_x\right) \tag{3-43}$$

3.2 张量函数的导数

1. 张量函数的导数定义

定义各种张量函数的导数如下。

(1) 矢量$\boldsymbol{v}$的标量函数$\varphi = f\left(\boldsymbol{v}\right)$

其微分为

$$\mathrm{d}f = f'\left(\boldsymbol{v}\right)\cdot\mathrm{d}\boldsymbol{v} \tag{3-44}$$

式中的导数

$$f'\left(\boldsymbol{v}\right) = \frac{\mathrm{d}f}{\mathrm{d}\boldsymbol{v}} \tag{3-45}$$

为一个矢量。展开则为

$$f'(\boldsymbol{v})=\frac{\mathrm{d}f}{\mathrm{d}\boldsymbol{v}}=\frac{\partial f}{\partial v^i}\boldsymbol{g}^i \tag{3-46}$$

定义梯度算子

$$\nabla(\,)=\boldsymbol{g}^i\frac{\partial(\,)}{\partial v^i} \tag{3-47}$$

$$(\,)\nabla=\frac{\partial(\,)}{\partial v^i}\boldsymbol{g}^i \tag{3-48}$$

则

$$f'(\boldsymbol{v})=\frac{\mathrm{d}f}{\mathrm{d}\boldsymbol{v}}=f\nabla=\nabla f \tag{3-49}$$

(2) 矢量的矢量函数 $\boldsymbol{w}=\boldsymbol{F}(\boldsymbol{v})$

微分

$$\mathrm{d}\boldsymbol{F}(\boldsymbol{v})=\boldsymbol{F}'\cdot\mathrm{d}\boldsymbol{v}=\boldsymbol{F}\nabla\cdot\mathrm{d}\boldsymbol{v}=\mathrm{d}\boldsymbol{v}\cdot\nabla\boldsymbol{F} \tag{3-50}$$

导数

$$\boldsymbol{F}'(\boldsymbol{v})=\frac{\mathrm{d}\boldsymbol{F}}{\mathrm{d}\boldsymbol{v}}=\frac{\partial\boldsymbol{F}}{\partial v^i}\boldsymbol{g}^i=\frac{\partial F^k}{\partial v^i}\boldsymbol{g}_k\boldsymbol{g}^i \tag{3-51}$$

为一个二阶张量。

(3) 矢量的二阶张量函数 $\boldsymbol{H}=\boldsymbol{T}(\boldsymbol{v})$

微分

$$\mathrm{d}\boldsymbol{T}(\boldsymbol{v})=\boldsymbol{T}'\cdot\mathrm{d}\boldsymbol{v}=\boldsymbol{T}\nabla\cdot\mathrm{d}\boldsymbol{v}=\mathrm{d}\boldsymbol{v}\cdot\nabla\boldsymbol{T} \tag{3-52}$$

导数

$$\boldsymbol{T}'(\boldsymbol{v})=\frac{\mathrm{d}\boldsymbol{T}}{\mathrm{d}\boldsymbol{v}}=\frac{\partial\boldsymbol{T}}{\partial v^i}\boldsymbol{g}^i=\frac{\partial T^{kl}}{\partial v^i}\boldsymbol{g}_k\boldsymbol{g}_l\boldsymbol{g}^i \tag{3-53}$$

为一个三阶张量。

(4) 二阶张量的标量函数 $f(\boldsymbol{T})$

微分

$$\mathrm{d}f=f'(\boldsymbol{T}):\mathrm{d}\boldsymbol{T} \tag{3-54}$$

导数

$$f'(\boldsymbol{T})=\frac{\mathrm{d}f}{\mathrm{d}\boldsymbol{T}}=\frac{\partial f}{\partial T^{ij}}\boldsymbol{g}^i\boldsymbol{g}^j \tag{3-55}$$

为一个二阶张量。

由于 $\mathrm{d}\boldsymbol{T}$ 是对称二阶张量，又由于任一个反对称张量 $\boldsymbol{\Omega}$ 与 $\mathrm{d}\boldsymbol{T}$ 的双点积都为零，即 $\boldsymbol{\Omega}:\mathrm{d}\boldsymbol{T}=0$。如果规定 $f'(\boldsymbol{T})$ 也为对称张量，则可以唯一地确定 $f'(\boldsymbol{T})$。此

时 $T^{ij}=T^{ji}$，自变量的 9 个分量不独立而使得 $\dfrac{\partial f}{\partial T^{ij}}$ 失去意义，可以规定 $\dfrac{\partial f}{\partial T^{ij}}$ 关于 i、j 为对称，从而使 $\dfrac{\partial f}{\partial T^{ij}}$ 有明确定义。

例如

$$\varphi=f\left(T^{ij}\right)=a_{ij}T^{ij} \tag{3-56}$$

式中 a_{ij} 为常张量。微分为

$$\mathrm{d}\varphi=\mathrm{d}f\left(T^{ij}\right)=a_{ij}\mathrm{d}T^{ij}=\boldsymbol{a}:\mathrm{d}\boldsymbol{T}=f'\left(\boldsymbol{T}\right):\mathrm{d}\boldsymbol{T} \tag{3-57}$$

由于 $\mathrm{d}\boldsymbol{T}$ 非任意而必须服从对称条件 $\mathrm{d}\boldsymbol{T}=\mathrm{d}\boldsymbol{T}^{\mathrm{T}}$，因此不能得到 $\boldsymbol{a}=f'\left(\boldsymbol{T}\right)$ 的结论，这是因为二者之间还可能相差一个任意的反对称二阶张量，而只能得出它们的对称部分相等的结论：

$$f'\left(\boldsymbol{T}\right)+\left[f'\left(\boldsymbol{T}\right)\right]^{\mathrm{T}}=\boldsymbol{a}+\boldsymbol{a}^{\mathrm{T}} \tag{3-58}$$

若规定 $f'\left(\boldsymbol{T}\right)$ 为对称二阶张量，则

$$f'\left(\boldsymbol{T}\right)=\frac{1}{2}\left(\boldsymbol{a}+\boldsymbol{a}^{\mathrm{T}}\right) \tag{3-59}$$

2. 梯度算子实例

如果定义梯度为空间矢径的导数，则有 $\nabla(\ )=\boldsymbol{g}^{i}\dfrac{\partial(\ )}{\partial x^{i}}$，$(\ )\nabla=\dfrac{\partial(\ )}{\partial x^{i}}\boldsymbol{g}^{i}$。常见的例子如下。

(1) 液体压力梯度

$$\boldsymbol{f}=-\nabla p \tag{3-60}$$

(2) 有势力、保守力

$$\boldsymbol{F}=-\nabla\phi \tag{3-61}$$

例如，重力

$$\nabla\phi=-mg\boldsymbol{k} \tag{3-62}$$

其中 $\phi=mgz$。

弹簧 (竖直伸长) 弹力

$$Kx\boldsymbol{k}=\nabla\phi \tag{3-63}$$

其中 $\phi=\dfrac{1}{2}Kx^{2}$。

(3) 矢径梯度

$$\nabla \boldsymbol{r} = \boldsymbol{G} \tag{3-64}$$

而

$$\nabla \boldsymbol{G} = \boldsymbol{0} \tag{3-65}$$

(4) 热传导定律

热流密度为

$$\boldsymbol{q} = -k\nabla T \tag{3-66}$$

其中 k 为热传导系数，T 为温度。此定理也称为傅里叶定律。

补注：傅里叶 (Baron Jean Baptiste Joseph Fourier，1768~1830)，男爵，法国数学家、物理学家。1817 年当选为科学院院士，1822 年任该院终身秘书，后又任法兰西学院终身秘书和理工科大学校务委员会主席。傅里叶的主要贡献是在研究“热的传播”和“热的分析理论”时创立了一套数学理论，对 19 世纪的数学和物理学的发展都产生了深远影响。

傅里叶早在 1807 年就写成关于热传导的基本论文——《热的传播》，向巴黎科学院呈交，但经拉格朗日、拉普拉斯和勒让德审阅后被科学院拒绝；1811 年又提交了经修改的论文，该文获科学院大奖，却未正式发表。傅里叶在论文中推导出著名的热传导方程，并在求解该方程时发现解函数可以由三角函数构成的级数形式表示，从而提出任一函数都可以展成三角函数的无穷级数。傅里叶级数 (即三角级数)、傅里叶分析等理论均由此创始。

(5) 电势

$$u = \frac{q}{4\pi\varepsilon}\frac{1}{r} \tag{3-67}$$

其中 q 为电荷，ε 为介电常数，矢径 $\boldsymbol{r} = r\boldsymbol{n}$。

故而可以推导出其梯度

$$\boldsymbol{E} = -\nabla u = -\frac{q}{4\pi\varepsilon}\nabla\left(\frac{1}{r}\right) = \frac{q}{4\pi\varepsilon}\frac{\boldsymbol{r}}{r^3} \tag{3-68}$$

(6) 位移梯度

$$\boldsymbol{u}\nabla = \boldsymbol{\varepsilon} + \boldsymbol{\Omega} \tag{3-69}$$

其中 $\boldsymbol{u}$ 为任一点的位移。故此应变张量和转动张量可以分别表示为

$$\boldsymbol{\varepsilon} = \frac{1}{2}(\boldsymbol{u}\nabla + \nabla\boldsymbol{u}) \tag{3-70}$$

$$\boldsymbol{\Omega}=\frac{1}{2}(\boldsymbol{u}\nabla-\nabla\boldsymbol{u}) \tag{3-71}$$

类似地，速度 $\boldsymbol{v}$ 的梯度可以表示为

$$\boldsymbol{v}\nabla=\boldsymbol{D}+\boldsymbol{\Omega} \tag{3-72}$$

其中

$$\boldsymbol{D}=\frac{1}{2}(\boldsymbol{v}\nabla+\nabla\boldsymbol{v}) \tag{3-73}$$

$$\boldsymbol{\Omega}=\frac{1}{2}(\boldsymbol{v}\nabla-\nabla\boldsymbol{v}) \tag{3-74}$$

为变形率张量和旋率张量。

大变形时的格林应变张量为

$$\boldsymbol{E}=\frac{1}{2}(\boldsymbol{u}\nabla+\nabla\boldsymbol{u}+\nabla\boldsymbol{u}\cdot\boldsymbol{u}\nabla)=\boldsymbol{\varepsilon}+\frac{1}{2}(\boldsymbol{\varepsilon}+\boldsymbol{\Omega})\cdot(\boldsymbol{\varepsilon}-\boldsymbol{\Omega}) \tag{3-75}$$

由该式可以得到几何方程线性化的条件为：小应变，小转动，应变不能为比转动高阶的小量。

(7) 表面张力梯度

$$\gamma=\gamma\left(x^i\right) \tag{3-76}$$

则有 Marangoni 流动，则有其梯度

$$\nabla\gamma=\boldsymbol{g}^i\frac{\partial\gamma}{\partial x^i} \tag{3-77}$$

经常见到的葡萄酒的眼泪，其原理就是 Marangoni 效应。在葡萄酒中，酒精的表面张力低于水，而葡萄酒对酒杯润湿，所以当在酒杯壁上的葡萄酒中的酒精因易挥发而浓度变低时，表面张力相对之前随之增大；与酒杯中的酒形成一定梯度，酒会上升，但由于水的重力作用与表面张力之间的失衡，水滴会掉下，即所谓的葡萄酒的眼泪，也称为葡萄酒的腿。

3. 散度算子实例

定义散度算子

$$\nabla\cdot(\;)=\boldsymbol{g}^i\cdot\frac{\partial(\;)}{\partial x^i}$$

$$(\;)\cdot\nabla=\frac{\partial(\;)}{\partial x^i}\cdot\boldsymbol{g}^i \tag{3-78}$$

(1) 不可压缩流体的连续性方程

$$\nabla \cdot \boldsymbol{v} = 0 \tag{3-79}$$

证明　已知流体的连续性方程为

$$\frac{\partial \rho}{\partial t} + \nabla \cdot (\rho \boldsymbol{v}) = 0 \tag{3-80}$$

其中 ρ 为流体的密度。对上式展开

$$\frac{\partial \rho}{\partial t} + \rho \nabla \cdot \boldsymbol{v} + \boldsymbol{v} \cdot \nabla \rho = 0 \tag{3-81}$$

$$\frac{\mathrm{d}\rho}{\partial t} + \rho \nabla \cdot \boldsymbol{v} = 0 \tag{3-82}$$

密度不变 $\rho = C$，则有 $\nabla \cdot \boldsymbol{v} = 0$。

(2) 忽略体力的弹性力学平衡方程

$$\nabla \cdot \boldsymbol{\sigma} = \boldsymbol{0} \tag{3-83}$$

(3) 矢径散度

$$\nabla \cdot \boldsymbol{r} = \boldsymbol{g}^j \cdot \boldsymbol{g}_i \frac{\partial x^i}{\partial x^j} = \delta_i^i = 3 \tag{3-84}$$

(4) 磁感应强度散度

$$\nabla \cdot \boldsymbol{B} = 0 \tag{3-85}$$

(5) 电场散度

$$\nabla \cdot \boldsymbol{E} = \frac{\rho}{\varepsilon_0} \tag{3-86}$$

(6) 曲率

设某一平面，其方程为 $z = S(x, y)$，则其法向矢量为

$$\boldsymbol{n} = \frac{\dfrac{\partial S}{\partial x}\boldsymbol{i} + \dfrac{\partial S}{\partial y}\boldsymbol{j}}{\sqrt{1 + \left(\dfrac{\partial S}{\partial x}\right)^2 + \left(\dfrac{\partial S}{\partial y}\right)^2}} = \frac{\nabla S}{\sqrt{1 + (\nabla S)^2}} \tag{3-87}$$

平面内任意一点的曲率可以表示为

$$C = \nabla \cdot \boldsymbol{n}$$

$$= \nabla \cdot \left(\frac{\nabla S}{\sqrt{1+(\nabla S)^2}} \right)$$

$$= \frac{\left[1+\left(\frac{\partial S}{\partial x}\right)^2\right]\frac{\partial^2 S}{\partial y^2} - 2\frac{\partial S}{\partial x}\frac{\partial S}{\partial y}\frac{\partial^2 S}{\partial x \partial y} + \left[1+\left(\frac{\partial S}{\partial y}\right)^2\right]\frac{\partial^2 S}{\partial x^2}}{\left[1+\left(\frac{\partial S}{\partial x}\right)^2+\left(\frac{\partial S}{\partial y}\right)^2\right]^{3/2}} \tag{3-88}$$

其中 $\boldsymbol{n}$ 为该点的法线单位矢量。

对于某一表面，其内外两侧的压力之差 Δp 与该表面内的张力 γ 可以通过 Laplace 方程建立关系：

$$\Delta p = \gamma C = \gamma \nabla \cdot \boldsymbol{n} \tag{3-89}$$

为了更形象地理解液体的表面张力，我们打个简单的比方，其表面层就类似于气球的膜。如图 3-1 所示，当气球充满气体时，它的形状呈现圆球形，里面的压力大于外面的压力，故而皮球中就必须存在着一种张紧的力来平衡这个压力差。里面的气体压力越大，气球越加显得紧绷绷。再比如，当我们的胳膊缠上绷带时，使劲拉紧绷带，我们就会感受到由绷带张紧而带来的压力。

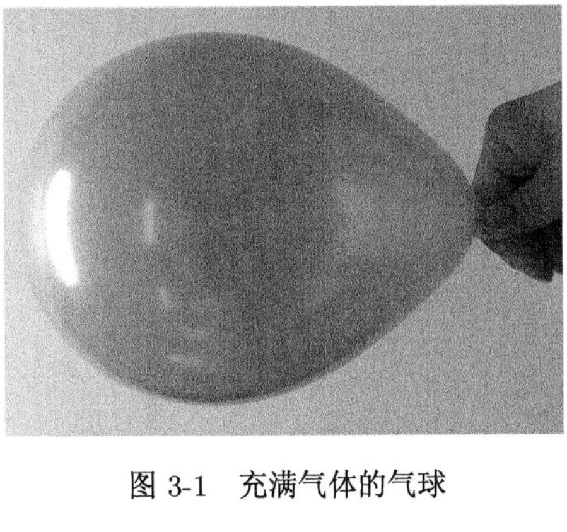

图 3-1 充满气体的气球

那么液体的表面层中的表面张力是由什么力来平衡的呢？很显然，液体的表面层两侧存在一个压力差，这就使得表面层产生了一个弯曲变形，从而抵消了表面张力的作用。用于描述液体的表面张力 (张紧力) 与液体界面两侧的压力差之间的平衡关系早在 1804 年就由著名的科学家拉普拉斯和托马斯 · 杨研究所得到，通常称为 “拉普拉斯方程” 或者 “拉普拉斯–杨方程”。例如图 3-2 所示，对于一个半径为

R 的肥皂泡，里面充满了空气，其液体与气体的接触界面分为内外两层，故而会产生两个表面张力。此时其表面层内外的压力之差 Δp 与表面张力 γ 的定量关系可以表示为 $\Delta p\pi R^2 = 2\gamma \times 2\pi R$，亦即 $\Delta p = \dfrac{4\gamma}{R}$。这就是气泡所满足的拉普拉斯方程。这个方程可以描述气泡、肥皂膜、液滴、液桥等形成的各种复杂形貌。

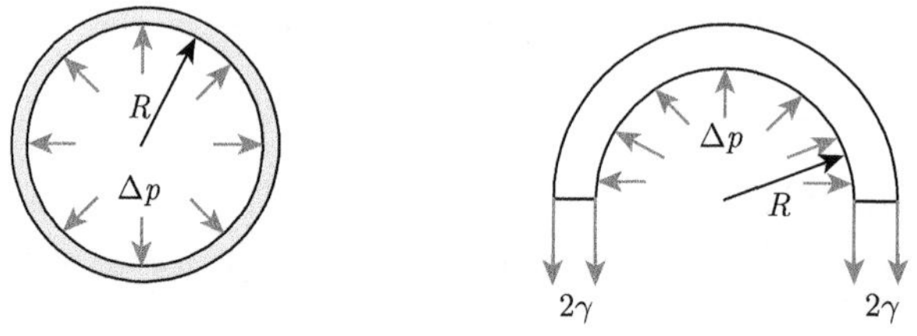

图 3-2　气泡的受力示意图

而当那些五彩缤纷的肥皂泡飘在空中时，往往会激发作家们的神思和灵感，从而引起了无限遐想。例如，美国著名作家马克 · 吐温 (Mark Twain, 1835～1910) 就写过富有激情的句子来歌颂它：“肥皂泡，你呀，自然界最激动人心的和最奇异的现象。” 英国著名的物理学家开尔文 (Lord William Thomson Kelvin，1824～1907) 说过：“吹一个肥皂泡并且观察它，你会用毕生之力研究它，并且由它引出一堂又一堂的物理课程。” 奥地利著名诗人里尔克 (Rainer Maria Rilke，1875～1926) 的《肥皂泡》一诗中咏吟到：

“哦，肥皂泡！
关于往日星期天的回忆：
它们的空也有回报，用虚无制造出这些浑圆的果实。
吹一小口气就发射出去。
而一旦开始思想这些泡泡就爆裂。
孩子突然兴奋起来跪在他的椅子上，
看这洗涤双手的声声叹息悠然地离我们而去”。

而 1991 年诺贝尔奖得主德热纳 (Pierre-Gilles de Gennes，1932～2007) 在其获奖的演讲词中的最后部分，引用了法国雕版画 “肥皂泡” 的附诗。这首诗从某种程度上表明了德热纳对人生和科学事业的态度，翻译过来就是：

“游戏海洋，游戏陆上；
不行啊，一举天下名扬。

富贵世上，虚假闪亮；

到头啊，都是皂泡一场。”

4. 旋度算子实例

定义旋度算子为

$$\nabla \times (\ ) = \boldsymbol{g}^i \times \frac{\partial (\ )}{\partial x^i} \tag{3-90}$$

$$(\ ) \times \nabla = \frac{\partial (\ )}{\partial x^i} \times \boldsymbol{g}^i \tag{3-91}$$

旋度算子的实例如下。

(1) 矢量

$$\mathrm{rot}\boldsymbol{A} = \mathrm{curl}\boldsymbol{A} = \nabla \times \boldsymbol{A} = \boldsymbol{g}^i \times \frac{\partial \boldsymbol{A}}{\partial x^i} = -\boldsymbol{A} \times \nabla \tag{3-92}$$

(2) 电场、磁场旋度

$$\nabla \times \boldsymbol{E} = -\frac{\partial \boldsymbol{B}}{\partial t} \tag{3-93}$$

$$\nabla \times \boldsymbol{B} = \mu_0 \boldsymbol{J} + \mu_0 \varepsilon_0 \frac{\partial \boldsymbol{E}}{\partial t} \tag{3-94}$$

(3) 矢量$\boldsymbol{A}$、$\boldsymbol{B}$之间的等价关系

$$\nabla \cdot \boldsymbol{B} = 0 \Leftrightarrow \boldsymbol{B} = \nabla \times \boldsymbol{A} \tag{3-95}$$

(4) 协调函数、应力函数

$$\nabla \cdot \boldsymbol{\sigma} = \boldsymbol{0} \Rightarrow \boldsymbol{\sigma} = -\nabla \times \boldsymbol{\phi} \times \nabla \tag{3-96}$$

$$\nabla \cdot \boldsymbol{L} = \boldsymbol{0} \Rightarrow \boldsymbol{L} = -\nabla \times \boldsymbol{\varepsilon} \times \nabla \tag{3-97}$$

其中 $\boldsymbol{L}$ 为不协调张量。

弹性力学中的单连通域的位移协调条件为

$$\nabla \times \boldsymbol{\varepsilon} \times \nabla = \boldsymbol{0}$$

$$\varepsilon_{ij,kl} + \varepsilon_{kl,ij} - \varepsilon_{ik,jl} - \varepsilon_{jl,ik} = 0 \tag{3-98}$$

(5) 流体的旋度

在流体力学中，任一点处速度的旋度，恰好等于刚体转动的角速度，因此旋度表示了转动“程度”的大小。

$$\boldsymbol{v} = \boldsymbol{\omega} \times \boldsymbol{r} \tag{3-99}$$

$$\nabla \times \boldsymbol{v} = \nabla \times (\boldsymbol{\omega} \times \boldsymbol{r}) = 2\boldsymbol{\omega} \tag{3-100}$$

5. 拉普拉斯算子实例

拉普拉斯算子定义为

$$\nabla^2(\,) = \Delta(\,) = \nabla\cdot\nabla(\,) \tag{3-101}$$

拉普拉斯算子的实例如下。

(1) 热传导方程

$$\frac{\partial \boldsymbol{u}}{\partial t} = a^2\nabla^2\boldsymbol{u} + \boldsymbol{f} \tag{3-102}$$

波动方程、弦振动方程

$$\frac{\partial^2 \boldsymbol{u}}{\partial t^2} = a^2\nabla^2\boldsymbol{u} + \boldsymbol{f} \tag{3-103}$$

泊松方程

$$a^2\nabla^2\boldsymbol{u} + \boldsymbol{f} = \boldsymbol{0} \tag{3-104}$$

拉普拉斯方程

$$\nabla^2\boldsymbol{u} = \boldsymbol{0} \tag{3-105}$$

具体而言，对于肥皂泡，其方程为

$$\Delta p = \gamma\left(C_1 + C_2\right) \tag{3-106}$$

对于平面问题，假设 z 方向为竖直向上，则液膜的形状方程忽略掉非线性项之后可以写为

$$\Delta p = \gamma\nabla^2 z \tag{3-107}$$

(2) 应变梯度

$$\sigma = E\varepsilon - c^2\nabla^2\varepsilon \tag{3-108}$$

$$\boldsymbol{\sigma} = 2\mu\boldsymbol{\varepsilon} + \lambda\mathrm{tr}\boldsymbol{\varepsilon}\boldsymbol{G} - c^2\nabla^2\left(2\mu\boldsymbol{\varepsilon} + \lambda\mathrm{tr}\boldsymbol{\varepsilon}\boldsymbol{G}\right) \tag{3-109}$$

传统连续介质力学认为一点的应力只跟该点应变有关，也就是忽略了其泰勒展开的高阶项，这就是局部假设；而应变梯度理论或其他非局部理论认为，一点的应力不仅跟该点的应变有关，还跟该点的应变梯度相关，应变梯度也就是位移的二阶导数；和传统的弹塑性理论相比，应变梯度理论舍弃了非局部假设。因此本构关系、边界条件 (针对含有高阶应力的高阶理论)，以及几何关系等都会发生变化。许多非局部理论 (应变梯度理论只是其中一种) 比传统理论要复杂得多，其实这些理

论在 20 世纪四五十年代就已经兴起，最早可追溯到 1909 年的 Cosserat 理论，但是一直没有相应的实验支撑，因此没有受到关注。直到 90 年代，随着微纳米技术的发展，以及实验手段的改进，一些反常的力学行为才出现，如尺度效应等，而应变梯度理论以及其他非局部理论正好可以解释这些现象。

(3) 弹性力学中的翘曲函数

$$\nabla^2\varphi = 0 \tag{3-110}$$

普朗特应力函数

$$\tau_{zx} = \frac{\partial \phi}{\partial y} \tag{3-111}$$

$$\tau_{zy} = -\frac{\partial \phi}{\partial x} \tag{3-112}$$

$$\nabla^2\phi = -2\mu\alpha \tag{3-113}$$

补注：普朗特 (Ludwig Prandtl，1875~1953)，德国物理学家，近代力学奠基人之一。他初学机械工程，1899 年获弹性力学博士后去工厂工作。1900 年在高校任教时进行水槽实验，观察到边界层和它的分离现象，并求出边界层方程及其解；1904 年后被聘去格丁根大学建立应用力学系、创立空气动力实验所和流体力学研究所，自此从事空气动力学的研究和教学。1906 年他建造了德国第一个风洞，1917 年又建成格丁根式风洞。他在边界层理论、风洞实验技术、机翼理论、湍流理论等方面都做出了重要的贡献，被称作空气动力学之父和现代流体力学之父。普朗特重视观察和分析力学现象，养成非凡的直观洞察能力，善于抓住物理本质，概括出数学方程。他曾说："我只是在相信自己对物理本质已经有深入了解以后，才想到数学方程。方程的用处是说出量的大小，这是直观得不到的，同时它也证明结论是否正确。" 普朗特的开创性工作，将 19 世纪末期的水力学和水动力学研究统一起来，他被称为 "现代流体力学之父"。

除了在流体力学中的研究工作，普朗特还培养了很多著名科学家，其中包括匈牙利著名流体力学家、航空和航天专家冯 · 卡门 (Theodore von Kármán，1881~1963)，应用力学家铁摩辛柯 (Stephen Prokofievitch Timoshenko，1878~1972) 等。

(4) 调和场

若

$$\nabla \cdot \boldsymbol{A} = 0 \text{ 且 } \nabla \times \boldsymbol{A} = \boldsymbol{0} \tag{3-114}$$

则

$$\boldsymbol{A} = \nabla\phi \tag{3-115}$$

因此

$$\nabla^2\phi = 0 \tag{3-116}$$

为调和场。

(5) 板的方程

$$D\nabla^4 w = D\nabla^2\nabla^2 w = q \tag{3-117}$$

此即为常规的基尔霍夫 (Gustav Robert Kirchhoff，1824～1887) 板模型。如果考虑应变的高阶项，同时考虑中面内的拉压变形，则板的模型应该修正为冯・卡门板模型。例如，其 Airy 应力函数满足方程

$$\nabla^4\chi + E\left[\frac{\partial^2 w}{\partial x^2}\frac{\partial^2 w}{\partial y^2} - \left(\frac{\partial^2 w}{\partial x\partial y}\right)^2\right] = 0 \tag{3-118}$$

补注：冯・卡门 (Theodore von Kármán，1881～1963)，匈牙利犹太人，1936 年入美国籍，是 20 世纪最伟大的航天工程学家，开创了数学和基础科学在航空航天和其他技术领域的应用，被誉为 “航空航天时代的科学奇才”。他所在的加利福尼亚理工学院实验室后来成为美国国家航空和航天喷气实验室，我国著名科学家钱伟长、钱学森、郭永怀都是他的亲传弟子。

他在德国哥廷根大学攻读博士，师从现代流体力学开拓者之一的普朗特教授，1908 获得哥廷根大学博士学位，留校任教 4 年。1912～1930 年在亚琛工业大学从事研究，之后到了加州理工学院。1911 年他归纳出钝体阻力理论，即著名的 “卡门涡街” 理论。这个理论大大改变了当时公认的气动力原则。这一研究后来很好地解释了 1940 年华盛顿州塔科马海峡大桥在大风中倒塌的原因。1930 年，冯・卡门移居美国，指导古根海姆气动力实验室和加州理工大学第一个风洞的设计和建设。1939 年，冯・卡门要求他的学生钱学森把两大命题作为他的博士论文的研究课题，从而建立了崭新的 “亚音速” 空气动力学和 “超音速” 空气动力学。而其中一个命题就是著名的 “卡门–钱学森公式”。在美国空军成立 50 周年纪念文集中，很多人认为，在阿诺德对美国空军未来发展所做出的所有贡献中，最重要的是他依靠冯・卡门为美国空军打下了科技建军的坚实基础。正是有了不断创新的技术，美国空军才能一路乘风破浪，包括美国空军在 1991 年海湾战争中大获全胜都是阿诺德和

冯·卡门开创的技术进步结出的硕果。德国火箭科学家冯·布劳恩 (Wernher Magnus Maximilian Freiherr von Braun，1912~1977) 曾说："冯·卡门是航空和航天领域最杰出的一位元老，远见卓识、敏于创造、精于组织 …… 正是他独具的特色。"

鉴于冯·卡门在科学、技术及教育事业等方面的卓著贡献，美国国会授予他第一枚"国家科学勋章"。1963 年 2 月 18 日上午，白宫玫瑰园名人聚集，宾客如云，授勋仪式即将举行。当年迈的冯·卡门走下台阶时，他因患有严重的关节炎而步履不稳，险些摔倒。年轻的约翰·肯尼迪总统赶紧走上前，一把将他扶住。老人抬头报以感激的微笑，继而轻轻推开总统伸出的手，淡淡地说："总统先生，下坡而行者无须搀扶，唯独举足高攀者才求一臂之力。" 为了纪念冯·卡门，他的祖国匈牙利在 1992 年 8 月 3 日发行了一枚纪念他的邮票；1992 年 8 月 31 日，美国也发行了一枚冯·卡门的纪念邮票。

(6) 无体力时的应力函数方程

$$\nabla^4\phi = \nabla^2\nabla^2\phi = 0 \tag{3-119}$$

即应力函数 ϕ 为双调和函数。

(7) 薛定谔方程

$$\mathrm{i}\hbar\frac{\partial\varphi}{\partial t} = -\frac{\hbar^2}{2\mu}\nabla^2\varphi + U(\boldsymbol{r})\varphi \tag{3-120}$$

其中 $\hbar$ 为普朗克常数，μ 为粒子质量，$U(\boldsymbol{r})$ 为势函数，φ 为波函数，t 为时间变量。

补注：薛定谔 (Erwin Schrödinger，1887~1961)，奥地利物理学家，量子力学奠基人之一，发展了分子生物学，维也纳大学哲学博士，苏黎世大学、柏林大学和格拉茨大学教授，在都柏林高级研究所理论物理学研究组中工作 17 年。薛定谔因发展了原子理论，和狄拉克 (Paul Dirac) 共获 1933 年诺贝尔物理学奖，又于 1937 年荣获马克斯·普朗克奖章。

物理学方面，薛定谔在德布罗意物质波理论的基础上，建立了波动力学。由他所建立的薛定谔方程是量子力学中描述微观粒子运动状态的基本定律，它在量子力学中的地位大致相似于牛顿运动定律在经典力学中的地位。他提出了薛定谔猫思想实验，试图证明量子力学在宏观条件下的不完备性，也研究了有关热学的统计理论问题；主要著作有《波动力学四讲》《统计热力学》《生命是什么？—— 活细胞的物理面貌》等。

例 2 设 $\boldsymbol{r}$ 是场中某典型点的矢径，$r = |\boldsymbol{r}|$，则有：

(a) $\nabla\cdot(r^n\boldsymbol{r})=(n+3)\,r^n$；

(b) $\nabla\times(r^n\boldsymbol{r})=0$；

(c) $\Delta(r^n)=n(n+1)\,r^{n-2}$。

解　$\nabla\cdot\boldsymbol{r}=\dfrac{\partial x^i}{\partial x^i}=\delta_i^i=3$

$r^2=x^ix_i$，对其两边求导，则有

$$\frac{\partial r^2}{\partial x^i}=2r\frac{\partial r}{\partial x^i}=\frac{\partial\left(x^jx_j\right)}{\partial x^i}=\delta_i^jx_j+x^jg_{ji}=2x_i$$

所以

$$\frac{\partial r}{\partial x^i}=\frac{x_i}{r}$$

$$\begin{aligned}\nabla\cdot(r^n\boldsymbol{r})&=\frac{\partial\left(r^nx^i\right)}{\partial x^i}=r^n\frac{\partial x^i}{\partial x^i}+x^i\frac{\partial r^n}{\partial x^i}\\&=3r^n+x^inr^{n-1}\frac{\partial r}{\partial x^i}=3r^n+x^ix_inr^{n-1}=(n+3)\,r^n\\\nabla\times(r^n\boldsymbol{r})&=\in_{ijk}\frac{\partial\left(r^nx^j\right)}{\partial x^i}\boldsymbol{g}^k=\in_{ijk}\,r^n\delta_i^j\boldsymbol{g}^k+\in_{ijk}\,x^j\frac{\partial r^n}{\partial x^i}\boldsymbol{g}^k\\&=\in_{iik}\,r^n\boldsymbol{g}^k+\in_{ijk}\,x^jnr^{n-1}\frac{x_i}{r}\boldsymbol{g}^k=\boldsymbol{0}\end{aligned}$$

上式中第二项利用了一个反对称张量与一个对称张量点积为**0**的性质。

$$\begin{aligned}\Delta(r^n)&=\frac{\partial}{\partial x_i}\left(\frac{\partial r^n}{\partial x^i}\right)=n\frac{\partial}{\partial x_i}\left(r^{n-1}\frac{x_i}{r}\right)=n(n-1)\left(\frac{1}{r}-\frac{x_i}{r^2}\frac{x^i}{r}\right)\\&=n(n-1)\,r^{n-2}\frac{\partial r}{\partial x_i}\frac{\partial r}{\partial x^i}+nr^{n-1}\frac{\partial}{\partial x_i}\left(\frac{x^i}{r}\right)\\&=n(n-1)\,r^{n-2}\frac{x^i}{r}\frac{x_i}{r}+nr^{n-1}\left(\frac{\partial x^i}{r\partial x^i}-\frac{x^i}{r}\frac{x_i}{r^2}\right)=n(n+1)r^{n-2}\end{aligned}$$

思考　试证明等式：$\nabla\times(\nabla\boldsymbol{v})=\nabla(\nabla\cdot\boldsymbol{v})-\Delta\boldsymbol{v}$。

6. 二阶张量不变量的导数

导数

$$\frac{\partial T^i_{\cdot j}}{\partial T^k_{\cdot l}}=\delta_k^i\delta_j^l \tag{3-121}$$

$$\frac{\partial T^{ij}}{\partial T^{kl}}=\delta_k^i\delta_l^j \tag{3-122}$$

$$\frac{\partial T^{ij}}{\partial T_{kl}}=g^{ik}g^{jl} \tag{3-123}$$

$$\frac{\partial T^{i}_{\cdot j}}{\partial T^{\cdot l}_{k}} = g^{ik} g_{jl} \tag{3-124}$$

则二阶张量的矩的导数为

$$\frac{\mathrm{d}J^{*}_{k}}{\mathrm{d}\boldsymbol{T}} = k\left(T^{k-1}\right)^{\mathrm{T}} \tag{3-125}$$

二阶张量三个不变量和三个矩之间的关系为

$$J^{*}_{1} = J^{\mathrm{T}}_{1} \tag{3-126}$$

$$J^{\mathrm{T}}_{2} = \frac{1}{2}\left[(\mathrm{tr}\boldsymbol{T})^{2} - \mathrm{tr}\boldsymbol{T}^{2}\right] = \frac{1}{2}\left[(J^{*}_{1})^{2} - J^{*}_{2}\right] \tag{3-127}$$

$$J^{\mathrm{T}}_{3} = \det \boldsymbol{T} = \frac{1}{6}(J^{*}_{1})^{3} - \frac{1}{2}J^{*}_{1}J^{*}_{2} + \frac{1}{3}J^{*}_{3} \tag{3-128}$$

则三个不变量对张量的导数分别为

$$\frac{\mathrm{d}J^{\mathrm{T}}_{1}}{\mathrm{d}\boldsymbol{T}} = \frac{\mathrm{d}J^{*}_{1}}{\mathrm{d}\boldsymbol{T}} = \boldsymbol{G}$$

$$\frac{\partial J^{\mathrm{T}}_{1}}{\partial T^{i}_{\cdot j}} = \delta^{j}_{i} \tag{3-129}$$

$$\frac{\mathrm{d}J^{\mathrm{T}}_{2}}{\mathrm{d}\boldsymbol{T}} = J^{\mathrm{T}}_{1}\boldsymbol{G} - \boldsymbol{T}^{\mathrm{T}}$$

$$\frac{\partial J^{\mathrm{T}}_{2}}{\partial T^{i}_{\cdot j}} = J^{\mathrm{T}}_{1}\delta^{j}_{i} - T^{j}_{\cdot i} \tag{3-130}$$

$$\frac{\mathrm{d}J^{\mathrm{T}}_{3}}{\mathrm{d}\boldsymbol{T}} = J^{\mathrm{T}}_{2}\boldsymbol{G} - J^{\mathrm{T}}_{1}\boldsymbol{T}^{\mathrm{T}} + \left(\boldsymbol{T}^{2}\right)^{\mathrm{T}}$$

$$\frac{\partial J^{\mathrm{T}}_{3}}{\partial T^{i}_{\cdot j}} = J^{\mathrm{T}}_{2}\delta^{j}_{i} - J^{\mathrm{T}}_{1}T^{j}_{\cdot i} + T^{j}_{\cdot k}T^{k}_{\cdot i} \tag{3-131}$$

进一步有

$$\frac{\mathrm{d}J^{\mathrm{T}}_{3}}{\mathrm{d}\boldsymbol{T}} = J^{\mathrm{T}}_{3}\left(\boldsymbol{T}^{-1}\right)^{\mathrm{T}} \tag{3-132}$$

将 Cayley-Hamilton 等式变换

$$\boldsymbol{T}^{3} - J^{T}_{1}\boldsymbol{T}^{2} + J^{\mathrm{T}}_{2}\boldsymbol{T} - J^{\mathrm{T}}_{3}\boldsymbol{G} = \boldsymbol{0} \tag{3-133}$$

$$C_{ijmn} = J^{\mathrm{T}}_{2}\boldsymbol{G} - J^{\mathrm{T}}_{1}\boldsymbol{T} + \boldsymbol{T}^{2} = J^{\mathrm{T}}_{3}\boldsymbol{T}^{-1} \tag{3-134}$$

关于张量函数的导数，工程中的实例如下。

(1) 线弹性材料的本构关系

已知某种各向同性线弹性材料，其应变能密度为 $w(\boldsymbol{\varepsilon}) = a(J_1^*)^2 + bJ_2^*$。则其本构关系为

$$\begin{aligned}\boldsymbol{\sigma} &= \frac{\mathrm{d}w}{\mathrm{d}\boldsymbol{\varepsilon}} = 2aJ_1^*\frac{\mathrm{d}J_1^*}{\mathrm{d}\boldsymbol{\varepsilon}} + b\frac{\mathrm{d}J_2^*}{\mathrm{d}\boldsymbol{\varepsilon}}\\ &= 2aJ_1^*\boldsymbol{G} + 2b\boldsymbol{\varepsilon}^{\mathrm{T}}\\ &= 2aJ_1^*\boldsymbol{G} + 2b\boldsymbol{\varepsilon}\end{aligned} \tag{3-135}$$

对称化

$$\boldsymbol{\sigma} = 2aJ_1^*\boldsymbol{G} + b\left(\boldsymbol{\varepsilon} + \boldsymbol{\varepsilon}^{\mathrm{T}}\right) \tag{3-136}$$

则弹性系数张量为

$$\boldsymbol{C} = \frac{\mathrm{d}\boldsymbol{\sigma}}{\mathrm{d}\boldsymbol{\varepsilon}} = 2a\frac{\mathrm{d}J_1^*}{\mathrm{d}\boldsymbol{\varepsilon}}\boldsymbol{G} + b\left(\boldsymbol{G} + \frac{\mathrm{d}\boldsymbol{\varepsilon}^{\mathrm{T}}}{\mathrm{d}\boldsymbol{\varepsilon}}\right) \tag{3-137}$$

$$= 2a\boldsymbol{G}\boldsymbol{G} + b\left(\frac{\mathrm{d}\boldsymbol{\varepsilon}}{\mathrm{d}\boldsymbol{\varepsilon}} + \frac{\mathrm{d}\boldsymbol{\varepsilon}^{\mathrm{T}}}{\mathrm{d}\boldsymbol{\varepsilon}}\right) \tag{3-138}$$

其中

$$\frac{\mathrm{d}\boldsymbol{\varepsilon}}{\mathrm{d}\boldsymbol{\varepsilon}} = \frac{\partial \varepsilon^{i}_{\cdot j}}{\partial \varepsilon^{m}_{\cdot n}}\boldsymbol{g}_i\boldsymbol{g}^j\boldsymbol{g}^m\boldsymbol{g}_n = \delta^i_m\delta^n_j g_{ik}g_{ln}\boldsymbol{g}^k\boldsymbol{g}^j\boldsymbol{g}^m\boldsymbol{g}^l = g_{im}g_{jn}\boldsymbol{g}^i\boldsymbol{g}^j\boldsymbol{g}^m\boldsymbol{g}^n \tag{3-139}$$

$$\frac{\mathrm{d}\boldsymbol{\varepsilon}^{\mathrm{T}}}{\mathrm{d}\boldsymbol{\varepsilon}} = \frac{\partial \varepsilon_{j}^{\cdot i}}{\partial \varepsilon^{m}_{\cdot n}}\boldsymbol{g}_i\boldsymbol{g}^j\boldsymbol{g}^m\boldsymbol{g}_n = g_{jm}g^{in}g_{ik}g_{nl}\boldsymbol{g}^k\boldsymbol{g}^j\boldsymbol{g}^m\boldsymbol{g}^l = g_{in}g_{jm}\boldsymbol{g}^i\boldsymbol{g}^j\boldsymbol{g}^m\boldsymbol{g}^n \tag{3-140}$$

$$C_{ijmn} = 2ag_{ij}g_{mn} + b\left(g_{im}g_{jn} + g_{in}g_{jm}\right) = \lambda g_{ij}g_{mn} + \mu\left(g_{im}g_{jn} + g_{in}g_{jm}\right) \tag{3-141}$$

例 3　梁的纯弯曲几何关系为

$$\varepsilon = \frac{y}{\rho} \tag{3-142}$$

其中 y 为任意一点离中性轴的距离，ρ 为该点处的曲率半径。几何关系为

$$\frac{1}{\rho} = \dot{\theta} \tag{3-143}$$

其中 $\dot{\theta} = \dfrac{\mathrm{d}\theta}{\mathrm{d}s}$。则由本构关系可得

$$\sigma = E\varepsilon = E\dot{\theta}y \tag{3-144}$$

则应变能密度

$$\begin{aligned} w &= \frac{1}{2}\sigma\varepsilon \\ &= \frac{1}{2}E\varepsilon^2 \\ &= \frac{1}{2}Ey^2\dot{\theta}^2 \end{aligned} \tag{3-145}$$

设梁的截面积为 A，长度为 L，则整根梁发生弯曲时的应变能为

$$\begin{aligned} W &= \int\limits_V w\mathrm{d}V \\ &= \frac{1}{2}E\int\limits_L\left(\int\limits_A y^2\mathrm{d}A\right)\dot{\theta}^2\mathrm{d}s \\ &= \frac{1}{2}EI_z\int\limits_L \dot{\theta}^2\mathrm{d}s \end{aligned} \tag{3-146}$$

其中 $I_z = \int\limits_A y^2\mathrm{d}A$ 为梁的截面惯性矩。

(2) 塑性力学

屈服函数 $f(\boldsymbol{\sigma}, Y_i)=0$, 由正交流动法则有

$$\dot{\boldsymbol{\varepsilon}}^p = \lambda\frac{\partial f}{\partial \boldsymbol{\sigma}} \tag{3-147}$$

考虑应力和应变的偏量，此时本构关系为

$$\boldsymbol{\sigma} = 2\mu\boldsymbol{\varepsilon}' + 3K\mathrm{tr}\boldsymbol{\varepsilon}\boldsymbol{G} \tag{3-148}$$

$$\boldsymbol{\varepsilon} = \frac{1}{2\mu}\boldsymbol{\sigma}' + \frac{1}{3K}\mathrm{tr}\boldsymbol{\sigma}\boldsymbol{G} \tag{3-149}$$

其中剪切模量 $\mu = \dfrac{E}{2(1+\upsilon)}$，体积弹性模量 $K = \dfrac{E}{3(1-2\upsilon)}$。

诺贝尔奖得主布里奇曼 (Percy W. Bridgman，1882~1961) 曾做过模拟实验，即建造了一个可以达到接近海洋深处压力的高压实验容器。实验结果表明，实际上钢铁材料的应力–应变曲线不受净水压力的影响。故而，对于屈服函数

$$f(\boldsymbol{\sigma}, Y) = J_2(\boldsymbol{\sigma}) - \frac{1}{3}Y^2 = \frac{1}{2}\boldsymbol{\sigma}' : \boldsymbol{\sigma}' - \frac{1}{3}Y^2 = 0 \tag{3-150}$$

其中 Y 为屈服应力。则有一致性条件

$$\frac{\partial f}{\partial \boldsymbol{\sigma}}=\frac{\partial J_2}{\partial \boldsymbol{\sigma}}=\boldsymbol{\sigma}' \tag{3-151}$$

$$\dot{\boldsymbol{\varepsilon}}^p=\lambda\boldsymbol{\sigma}' \tag{3-152}$$

从而得到增量型的各种塑性力学的本构关系如下。

Levy-Mises 本构

$$\mathrm{d}\boldsymbol{\varepsilon}'=\alpha\mathrm{d}\lambda\boldsymbol{\sigma}' \tag{3-153}$$

Prandtl-Reuss 本构

$$\mathrm{d}\boldsymbol{\varepsilon}'=\frac{1}{2\mu}\boldsymbol{\sigma}'+\alpha\mathrm{d}\lambda\boldsymbol{\sigma}' \tag{3-154}$$

Drucker 公设：对于处于某一状态下的材料单元，借助一个外部作用，在其原有的应力状态之上，缓慢地施加并卸除一组附加应力，则在此附加应力的施加与卸除循环内，外部作用所做的功为非负：

$$\int(\boldsymbol{\sigma}-\boldsymbol{\sigma}^*):\mathrm{d}\boldsymbol{\varepsilon}\geqslant 0 \tag{3-155}$$

其中 $\boldsymbol{\sigma}^*$ 表示原有的应力状态，$\boldsymbol{\sigma}-\boldsymbol{\sigma}^*$ 表示附加应力，积分表示应力 $\boldsymbol{\sigma}$ 从 $\boldsymbol{\sigma}^*$ 出发再回到 $\boldsymbol{\sigma}^*$ 的应力循环过程中附加应力所做的功。

3.3 张量场方程

张量场的重要特性为：如果张量场的所有分量在一个坐标系中为 0，则其分量在经过坐标变换得到的所有坐标系中也都为 0。因为给定类型张量场的和与差是一个同类型的张量，所以可知：若某张量方程在一个坐标系中能够成立，则它在经过坐标变换得到的所有坐标系中也一定成立。

张量分析的重要性可以陈述如下：仅当方程中的每一项都具有相同的张量性质时，该方程的形式才能普遍适用于任意参考系。如果不满足这个条件，参考系的简单改变就会破坏该关系的形式，因而该形式仅仅是偶然成立的。

根据张量转换定律，张量方程与物理现象是一致的。在张量场方程的推导中，有一些很有用的定理需要首先介绍一下。

1. 积分定理

Gauss 定理

$$\oint_S \boldsymbol{n}\cdot\boldsymbol{T}\mathrm{d}S=\int_V \nabla\cdot\boldsymbol{T}\mathrm{d}V \tag{3-156}$$

Stokes 定理

$$\int_S \boldsymbol{n}\cdot(\nabla\times\boldsymbol{T})\,\mathrm{d}S=\oint_l \mathrm{d}\boldsymbol{l}\cdot\boldsymbol{T} \tag{3-157}$$

Green 定理实际为 Stokes 定理的简化。

如果 $\boldsymbol{T}=P\boldsymbol{i}+Q\boldsymbol{j}$，$\mathrm{d}\boldsymbol{l}=\mathrm{d}x\boldsymbol{i}+\mathrm{d}y\boldsymbol{j}$，则

$$\oint_l \mathrm{d}\boldsymbol{l}\cdot\boldsymbol{T}=\oint_l P\mathrm{d}x+Q\mathrm{d}y \tag{3-158}$$

$$\int_S \boldsymbol{n}\cdot(\nabla\times\boldsymbol{T})\,\mathrm{d}S=\int_S \begin{vmatrix} 0 & 0 & 1\\ \dfrac{\partial}{\partial x} & \dfrac{\partial}{\partial y} & 0\\ P & Q & 0\end{vmatrix}\mathrm{d}S=\int_S\left(\frac{\partial Q}{\partial x}-\frac{\partial P}{\partial y}\right)\mathrm{d}S$$

2. 场方程

(1) 有势场 (保守场)

$$\boldsymbol{F}=\nabla\phi\Leftrightarrow\nabla\times\boldsymbol{F}=\boldsymbol{0} \tag{3-159}$$

证明

$$\begin{aligned}\nabla\times\boldsymbol{F}&=\nabla\times\nabla\phi=\nabla\times\boldsymbol{g}^i\frac{\partial\phi}{\partial x^i}\\&=\boldsymbol{g}^j\times\boldsymbol{g}^i\frac{\partial^2\phi}{\partial x^i\partial x^j}\\&=\in^{jik}\frac{\partial^2\phi}{\partial x^i\partial x^j}\boldsymbol{g}_k\\&=\in^{ijk}\frac{\partial^2\phi}{\partial x^j\partial x^i}\boldsymbol{g}_k\\&=-\in^{jik}\frac{\partial^2\phi}{\partial x^i\partial x^j}\boldsymbol{g}_k\end{aligned} \tag{3-160}$$

故此 $\nabla\times\boldsymbol{F}=\boldsymbol{0}$。

或者：与路径无关

$$\oint_l \mathrm{d}\boldsymbol{l}\cdot\boldsymbol{F}=\oint_S \boldsymbol{n}\cdot(\nabla\times\boldsymbol{F})\,\mathrm{d}S=0 \tag{3-161}$$

由路径的任意性，故此 $\nabla\times\boldsymbol{F}=\mathbf{0}$。故

$$\nabla\times\boldsymbol{F}=\in^{ijk}\frac{\partial F_j}{\partial x^i}\boldsymbol{g}_k=\mathbf{0}\tag{3-162}$$

即

$$\frac{\partial F_2}{\partial x^1}-\frac{\partial F_1}{\partial x^2}=0\tag{3-163}$$

$$\frac{\partial F_3}{\partial x^2}-\frac{\partial F_2}{\partial x^3}=0\tag{3-164}$$

$$\frac{\partial F_1}{\partial x^3}-\frac{\partial F_3}{\partial x^1}=0\tag{3-165}$$

此为 $F_i\mathrm{d}x^i$ 存在全微分的条件，即在单连通域内，存在单值的 ϕ，使得

$$\mathrm{d}\phi=F_i\mathrm{d}x^i=\frac{\partial\phi}{\partial x^i}\mathrm{d}x^i\tag{3-166}$$

故此 $F_i=\dfrac{\partial\phi}{\partial x^i}$，$\boldsymbol{F}=\nabla\phi$。

(2) 弹性力学平衡方程

$$\int\limits_{S_\sigma}\bar{\boldsymbol{t}}\mathrm{d}S+\int\limits_{V}\boldsymbol{f}\mathrm{d}V=\mathbf{0}\tag{3-167}$$

$$\begin{aligned}\int\limits_{S_\sigma}\boldsymbol{n}\cdot\boldsymbol{\sigma}\mathrm{d}S+\int\limits_{V}\boldsymbol{f}\mathrm{d}V&=\int\limits_{V}\nabla\cdot\boldsymbol{\sigma}\mathrm{d}V+\int\limits_{V}\boldsymbol{f}\mathrm{d}V\\&=\int\limits_{V}\left(\nabla\cdot\boldsymbol{\sigma}+\boldsymbol{f}\right)\mathrm{d}V=\mathbf{0}\end{aligned}\tag{3-168}$$

因此

$$\nabla\cdot\boldsymbol{\sigma}+\boldsymbol{f}=\mathbf{0}\tag{3-169}$$

类似地，有忽略体力时

$$\int\limits_{S_\sigma}\boldsymbol{r}\times\bar{\boldsymbol{t}}\mathrm{d}S=\mathbf{0}\tag{3-170}$$

$$\int\limits_{S_\sigma}\boldsymbol{r}\times\left(\boldsymbol{n}\cdot\boldsymbol{\sigma}\right)\mathrm{d}S=\mathbf{0}\tag{3-171}$$

$$\int\limits_{S_\sigma}\boldsymbol{n}\cdot\left(\boldsymbol{\sigma}\times\boldsymbol{r}\right)\mathrm{d}S=\mathbf{0}\tag{3-172}$$

$$\int_V \nabla\cdot(\boldsymbol{\sigma}\times\boldsymbol{r})\,\mathrm{d}V=\boldsymbol{0} \tag{3-173}$$

则有 $\boldsymbol{\sigma}=\boldsymbol{\sigma}^{\mathrm{T}}$。

(3) 热力学第一定律

$$\dot{E}+\dot{T}=\dot{W}+\dot{Q} \tag{3-174}$$

其中

$$\begin{aligned}\dot{W}&=\int_S \bar{\boldsymbol{t}}\cdot\boldsymbol{v}\mathrm{d}S+\int_V \boldsymbol{f}\cdot\boldsymbol{v}\mathrm{d}V\\&=\int_S \boldsymbol{n}\cdot\boldsymbol{\sigma}\cdot\boldsymbol{v}\mathrm{d}S+\int_V \boldsymbol{f}\cdot\boldsymbol{v}\mathrm{d}V\\&=\int_V [\nabla\cdot(\boldsymbol{\sigma}\cdot\boldsymbol{v})+\boldsymbol{f}\cdot\boldsymbol{v}]\,\mathrm{d}V\\&=\int_V (\nabla\cdot\boldsymbol{\sigma}\cdot\boldsymbol{v}+\boldsymbol{\sigma}:\nabla\boldsymbol{v}+\boldsymbol{f}\cdot\boldsymbol{v})\,\mathrm{d}V\end{aligned} \tag{3-175}$$

动能

$$T=\int_V \frac{1}{2}\rho\boldsymbol{v}\cdot\boldsymbol{v}\mathrm{d}V \tag{3-176}$$

$$\dot{T}=\int_V \rho\boldsymbol{v}\cdot\dot{\boldsymbol{v}}\mathrm{d}V \tag{3-177}$$

内能

$$E=\int_V \rho e\mathrm{d}V \tag{3-178}$$

$$\dot{E}=\int_V \rho\dot{e}\mathrm{d}V \tag{3-179}$$

热量

$$\begin{aligned}\dot{Q}&=\int_V \rho\dot{r}\mathrm{d}V-\int_S \boldsymbol{q}\cdot\boldsymbol{n}\mathrm{d}S\\&=\int_V (\rho\dot{r}-\nabla\cdot\boldsymbol{q})\mathrm{d}V\end{aligned} \tag{3-180}$$

所以得到

$$\rho\dot{\boldsymbol{v}}-\boldsymbol{\nabla}\cdot\boldsymbol{\sigma}-\boldsymbol{f}=\boldsymbol{0}$$

$$\rho\dot{e} = \rho\boldsymbol{\sigma} : (\nabla \boldsymbol{v}) - \nabla \cdot \boldsymbol{q} + \rho\dot{r} = \rho\boldsymbol{\sigma} : \boldsymbol{D} - \nabla \cdot \boldsymbol{q} + \rho\dot{r} \tag{3-181}$$

(4)Lagrange 方程

对于多个刚体系统，如果在有势场中，则有运动学方程

$$\frac{\mathrm{d}}{\mathrm{d}t}\left(\frac{\partial L}{\partial \dot{\boldsymbol{q}}}\right) - \frac{\partial L}{\partial \boldsymbol{q}} = \boldsymbol{0} \tag{3-182}$$

其中 $\boldsymbol{q}$ 为广义坐标，$\dot{\boldsymbol{q}}$ 为广义坐标的导数。

例 4　某质点在某一有势场中运动，其质量为 m，有势场的势能表达为 $V = -\dfrac{a}{r}$，其中 a 为常数。则有

$$\begin{cases} x = r\sin\theta\cos\varphi \\ y = r\sin\theta\sin\varphi \\ z = r\cos\theta \end{cases} \tag{3-183}$$

则有

$$g_{11} = 1, \quad g_{22} = r^2, \quad g_{33} = r^2\sin^2\theta \tag{3-184}$$

动能写为

$$\begin{aligned} T &= \frac{1}{2} m g_{ij} v^i v^j \\ &= \frac{1}{2} m \left(\dot{r}^2 + r^2\dot{\theta}^2 + r^2\dot{\varphi}^2\sin^2\theta\right) \end{aligned} \tag{3-185}$$

则 Lagrange 函数为

$$L = T - V = \frac{1}{2} m \left(\dot{r}^2 + r^2\dot{\theta}^2 + r^2\dot{\varphi}^2\sin^2\theta\right) + \frac{a}{r} \tag{3-186}$$

代入 Lagrange 方程所得到的微分方程为

$$\begin{cases} m\ddot{r} - mr\dot{\theta}^2 - mr\dot{\varphi}^2\sin^2\theta + \dfrac{a}{r^2} = 0 \\ \dfrac{\mathrm{d}}{\mathrm{d}t}\left(mr^2\dot{\theta}\right) - mr^2\dot{\varphi}^2\sin\theta\cos\theta = 0 \\ \dfrac{\mathrm{d}}{\mathrm{d}t}\left(mr^2\dot{\varphi}\sin^2\theta\right) = 0 \end{cases} \tag{3-187}$$

补注：拉格朗日 (Joseph-Louis Lagrange，1736~1813)，法国著名数学家、物理学家、力学家、天文学家。

拉格朗日是分析力学的创立者。拉格朗日在其名著《分析力学》中，在总结历史上各种力学基本原理的基础上，发展了达朗贝尔、欧拉等人的研究成果，引入了

势和等势面的概念，进一步把数学分析应用于质点和刚体力学，提出了运用于静力学和动力学的普遍方程；引进广义坐标的概念，建立了拉格朗日方程，把力学体系的运动方程从以力为基本概念的牛顿形式，改变为以能量为基本概念的分析力学形式，奠定了分析力学的基础，为把力学理论推广应用到物理学其他领域开辟了道路。拿破仑曾称赞他是 "一座高耸在数学界的金字塔"。

(5) 弹性理论

Ⅰ. 弹性力学问题的微分提法

如图 3-3 所示的空间弹性体，其体积为 V，部分边界给定位移为 $\bar{\boldsymbol{u}}$，部分边界给定面力为 $\bar{\boldsymbol{t}}$。则该弹性体满足的方程如下：

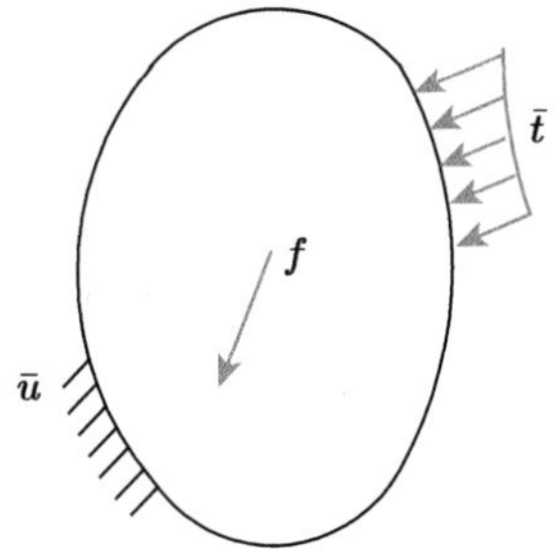

图 3-3 弹性体受力示意图

平衡方程

$$\nabla\cdot\boldsymbol{\sigma}+\boldsymbol{f}=\boldsymbol{0}$$

$$\sigma^{i}_{\cdot j,j}+f^{i}=0 \tag{3-188}$$

以及本构关系

$$\boldsymbol{\sigma}=2\mu\boldsymbol{\varepsilon}+\lambda\mathrm{tr}\boldsymbol{\varepsilon}\boldsymbol{G}$$

$$\boldsymbol{\varepsilon}=\frac{1+\upsilon}{E}\boldsymbol{\sigma}-\frac{\upsilon}{E}\mathrm{tr}\boldsymbol{\sigma}\boldsymbol{G} \tag{3-189}$$

几何方程

$$\boldsymbol{\varepsilon}=\frac{1}{2}\left(\boldsymbol{u}\nabla+\nabla\boldsymbol{u}\right) \tag{3-190}$$

边界条件

$$\boldsymbol{n}\cdot\boldsymbol{\sigma}=\bar{\boldsymbol{t}},\quad 在\ S_{\sigma}\ 上$$

$$\boldsymbol{u}=\bar{\boldsymbol{u}},\quad 在\ S_{u}\ 上 \tag{3-191}$$

Ⅱ. **弹性力学的位移解法**

Lamé-Navier 方程

$$\mu\nabla^2\boldsymbol{u}+(\lambda+\mu)\nabla(\nabla\cdot\boldsymbol{u})+\boldsymbol{f}=\boldsymbol{0} \tag{3-192}$$

边界条件

$$\boldsymbol{n}\cdot[\mu(\boldsymbol{u}\nabla+\nabla\boldsymbol{u})+\lambda\mathrm{tr}\boldsymbol{\varepsilon}\boldsymbol{G}]=\bar{\boldsymbol{t}},\ \text{在}\ S_\sigma\ \text{上}$$

$$\boldsymbol{u}=\bar{\boldsymbol{u}},\ \text{在}\ S_u\ \text{上} \tag{3-193}$$

应力解法：Beltrami-Michell 方程

$$\nabla^2\boldsymbol{\sigma}+\frac{1}{1+\upsilon}\nabla\nabla(\boldsymbol{\sigma}:\boldsymbol{G})=-\frac{\upsilon}{1-\upsilon}(\nabla\cdot\boldsymbol{f})\boldsymbol{G}-(\nabla\boldsymbol{f}+\boldsymbol{f}\nabla) \tag{3-194}$$

边界条件

$$\boldsymbol{n}\cdot\boldsymbol{\sigma}=\bar{\boldsymbol{t}},\ \text{在}\ S_\sigma\text{上} \tag{3-195}$$

补注：纳维 (Claude-Louis-Marie-Henri Navier，1785~1836)，法国力学家、工程师。1802 年进巴黎综合工科学校求学，1804 年毕业后进桥梁公路学校求学，1819 年起在桥梁公路学校讲授应用力学，1830 年起任教授。1824 年被选为法国科学院院士。

纳维的主要贡献是分别为流体力学和弹性力学建立了基本方程。1821 年他推广了欧拉的流体运动方程，考虑了分子间的作用力，从而建立了流体平衡和运动的基本方程。方程中只含有一个黏性常数。1845 年斯托克斯从连续统的模型出发，改进了他的流体力学运动方程，得到有两个黏性常数的黏性流体运动方程 (后称纳维–斯托克斯方程) 的直角坐标分量形式。1821 年，纳维还从分子模型出发，把每一个分子作为一个力心，导出弹性固体的平衡和运动方程，这组方程只含有一个弹性常数。有两个弹性常数的各向同性弹性力学基本方程是 1823 年柯西得出的。

纳维在力学其他方面的成就有：最早 (1820 年) 用双重三角级数解简支矩形板的四阶偏微分方程；在工程中引进机械功以衡量机器的效率。他在工程方面改变了单凭经验设计建造吊桥 (悬索桥〉的传统，在设计中采用了理论计算。

Ⅲ. **应变能**

$$w=\frac{\lambda}{2}(\mathrm{tr}\boldsymbol{\varepsilon})^2+\mu\boldsymbol{\varepsilon}:\boldsymbol{\varepsilon}=\frac{1}{2}\boldsymbol{\sigma}:\boldsymbol{\varepsilon}=\frac{1}{2}\boldsymbol{\varepsilon}:\boldsymbol{C}:\boldsymbol{\varepsilon} \tag{3-196}$$

Ⅳ. **流体本构**

$$\boldsymbol{\sigma} = -p\boldsymbol{G} + \boldsymbol{D} : \boldsymbol{V} \tag{3-197}$$

$$\sigma_{ij} = -pg_{ij} + \lambda V_{kk} g_{ij} + 2\mu V_{ij} \tag{3-198}$$

其中

$$D_{ijkl} = \lambda g_{ij} g_{kl} + \mu \left(g_{ik} g_{jl} + g_{il} g_{kj} \right) \tag{3-199}$$

缩并

$$3\lambda + 2\mu = 0 \tag{3-200}$$

则斯托克斯流体

$$\sigma_{ij} = -pg_{ij} - \frac{2}{3}\mu V_{kk} g_{ij} + 2\mu V_{ij} \tag{3-201}$$

$$\boldsymbol{\sigma} = -p\boldsymbol{G} - \frac{2}{3}\mu \mathrm{tr}\boldsymbol{V}\boldsymbol{G} + 2\mu\boldsymbol{V} \tag{3-202}$$

若无黏性，则

$$\boldsymbol{\sigma} = -p\boldsymbol{G} \tag{3-203}$$

静水压力的出现标志着流体力学与弹性力学的根本区别。为了适应这一新变量的需要，通常假设存在某种状态方程，它给出了压力、密度和绝对温度之间的关系。例如，理想气体和真实气体分别存在状态方程，淡水和海水也分别有其对应的状态方程。

(6) 表面弹性理论

纳米材料具有很强的表面效应，这是由其表面能或者表面应力所引起的。根据表面弹性理论，表面应力张量 $\sigma^s_{\alpha\beta}$ 与表面能密度 γ 和表面应变张量 $\varepsilon^s_{\alpha\beta}$ 的关系为

$$\sigma^s_{\alpha\beta} = \gamma\delta_{\alpha\beta} + \frac{\partial\gamma}{\partial\varepsilon^s_{\alpha\beta}} \quad (\alpha, \beta = 1, 2) \tag{3-204}$$

对于一维的纳米梁，其本构关系可以简化为

$$\sigma^s = \tau_0 + E^s \varepsilon^s \tag{3-205}$$

其中 E^s 为固体的表面弹性模量，且表面残余应力表示为

$$\tau_0 = \gamma + \left.\frac{\partial\gamma}{\partial\varepsilon^s}\right|_{\varepsilon^s = 0} \tag{3-206}$$

表面能密度为表面应变的单值函数，这种行为通常被称为表面弹性。大量的实验和模拟发现，残余表面应力的数值有可能正或负。

根据广义的拉普拉斯方程，该残余表面应力会引起表面上的法向应力的跳跃，即

$$\left\langle \sigma_{ij}^{+} - \sigma_{ij}^{-} \right\rangle n_i n_j = \tau_0 \kappa \tag{3-207}$$

其中 σ_{ij}^{+} 和 σ_{ij}^{-} 分别代表固体表面上下两侧的应力，n_i 是表面的法向矢量，κ 为梁轴线的曲率。

如图 3-4 所示，对于一根细长梁，该应力跳跃会导致一个横向分布的压力 q，其方向为沿着梁的轴线：

$$q\left(x\right) = B\kappa \tag{3-208}$$

其中 B 为与表面残余应力和截面形状有关的量。

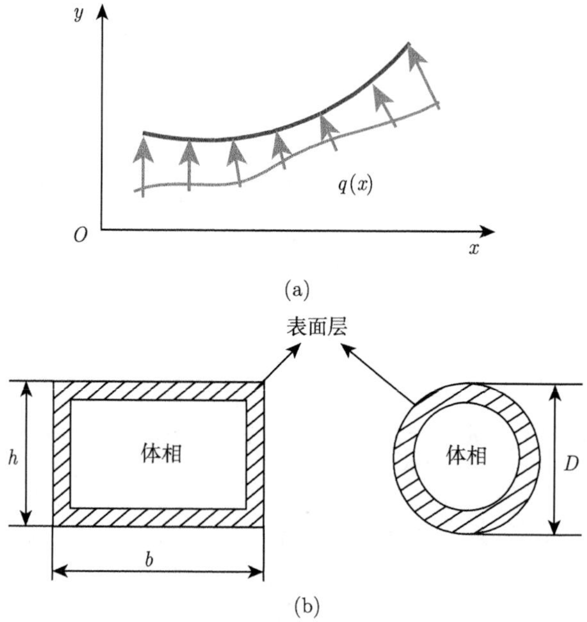

图 3-4　梁的表面效应

(7) 渗流力学

法国工程师达西 (Henri Philibert Gaspard Darcy，1803~1858) 在 1856 年提出了水通过均匀砂层渗流的线性定律，渗流理论即从此开始发展。渗流力学经历了两

个阶段，即经典渗流力学和现代渗流力学阶段。初期，主要由于水的净化、地下水开发、水利和水利工程的需要，渗流力学开始成长。20 世纪 20 年代起，渗流力学又在石油、天然气开发工业中得到应用。在这个阶段，渗流力学考虑的因素比较简单：均质的孔隙介质、单相的牛顿流体、等温的渗流过程，而不考虑流体运动中的复杂的物理过程和化学反应。这种简单条件下的渗流问题的数学模型是拉普拉斯方程、傅里叶热传导方程和二阶非线性抛物型方程。这个阶段的研究方法主要是数学物理方法和比较简单的模拟方法。而现代渗流力学阶段起始于 20 世纪 30 年代，此时由于低于饱和压力开发油田、天然水力驱动、人工注水开发油田以及农田水利等工程技术的需要，多相渗流理论逐步发展，开始了渗流力学的新阶段。60 年代以后，渗流力学发展迅速。由于研究内容和考虑因素方面的发展和进步，渗流理论不断深化，大体沿着以下五个方向进行：① 考虑多孔介质的性质和特点，发展非均质介质渗流、多重介质 (裂缝 – 孔隙 – 孔洞) 渗流和变形介质渗流；② 考虑流体的多相性，继续发展多相渗流；③ 考虑流体的流变性影响，发展非牛顿流体渗流；④ 考虑渗流的复杂物理过程和化学反应，发展物理–化学渗流；⑤ 考虑渗流过程的温度条件发展非等温渗流。此外，还开始出现一些新动向，例如，研究流体在孔隙内运动的细节，发展微观渗流；渗流力学与生物学交叉渗透，发展生物渗流等。渗流理论已经成为人类开发地下水、地热、石油、天然气、煤炭与煤层气等诸多地下资源的重要理论基础，在环境保护、地震预报、生物医疗等科学技术领域，以及防止与治理地面沉降、海水入侵，兴建大型水利水电工程、农林工程、冻土工程等工程技术中，已成为必不可少的理论。

通量密度

$$\boldsymbol{v} = -\frac{k}{\mu}\nabla p \tag{3-209}$$

其中 p 为流体压力，k 为渗透率，μ 为黏度系数。

忽略重力作用的渗流力学的微分方程可写为

$$\frac{\partial}{\partial x}\left(\frac{k_x}{\mu}\frac{\partial p}{\partial x}\right)+\frac{\partial}{\partial y}\left(\frac{k_y}{\mu}\frac{\partial p}{\partial y}\right)+\frac{\partial}{\partial z}\left(\frac{k_z}{\mu}\frac{\partial p}{\partial z}\right)$$

$$-q\delta\left(x-x_l\right)\delta\left(y-y_m\right)\delta\left(z-z_n\right)=\phi c\frac{\partial p}{\partial t} \tag{3-210}$$

其中 k_x、k_y、k_z 为 x、y、z 方向的渗透率，ϕ 为岩石的孔隙度，c 为压缩系数，t 为时间。

若 $k_x=k_y=k_z=k$，则上述方程可以写成张量为

$$\frac{k}{\mu}\frac{\partial^2 p}{\partial x^i \partial x_i}-q\delta\left(x-x_l\right)\delta\left(y-y_m\right)\delta\left(z-z_n\right)=\phi c\frac{\partial p}{\partial t} \tag{3-211}$$

达西定律可以描述多相流体的流动，例如, 气水两相流体在裂缝隙中的流动可以写为

$$\boldsymbol{v}_w=-\frac{k\cdot k_{rw}}{\mu_w}\nabla p_w \tag{3-212}$$

$$\boldsymbol{v}_g=-\frac{k\cdot k_{rg}}{\mu_g}\nabla p_g \tag{3-213}$$

其中 $\boldsymbol{v}_w$ 和 $\boldsymbol{v}_g$ 分别为水相和气相的流动速度，k_{rw} 和 k_{rg} 分别为其对应的相对渗透率，μ_w 和 μ_g 分别为其对应的黏度，p_w 和 p_g 分别为其对应的压力，k 为储层的渗透率。

(8) 损伤力学

损伤力学研究材料或构件在各种加载条件下，其中损伤随变形而演化发展并最终导致破坏的过程中的力学规律。在外载或环境作用下，由细观结构缺陷 (如微裂纹、微孔隙等) 萌生、扩展等不可逆变化引起的材料或结构宏观力学性能的劣化称为损伤。包含损伤的连续介质组成的物体是一个热力学系统，它的每一构形对应于一个热力学状态。按照记忆衰退原理以及等效热力学史的概念，允许采用一组从宏观平均意义上描述材料内部微结构变化的内变量来描述材料的历史记忆特性。为描述一个力学系统的热力学状态，可以从不同的角度选择一些物理量作为其内部状态变量，其中有的变量是可以测量的，有的是难以测量的；有的则是与其对应的，或称为与其相伴的。可测的状态变量一般选择应变和绝对温度等，那么与其相伴的状态变量则是应力和熵等。内部状态变量还可以选择弹性应变、塑性应变、累积塑性应变和损伤等；与这些状态变量相伴的变量可以是应力、应变硬化阈增和损伤应变能释放率等。

在变形体力学的基础上，将热力学第一定律和第二定律应用于本构泛函，就可以导出含缺陷材料的本构方程，简称为损伤本构方程。

设连续介质单位质量的亥姆霍兹 (Helmholtz) 自由能为

$$\varphi=e-Ts \tag{3-214}$$

假定自由能 φ 是内部状态变量 ε(应变)、T(温度)、张量 $\boldsymbol{v}$ 和损伤变量 $\boldsymbol{D}$ 的

函数，即

$$\varphi=\varphi(\boldsymbol{\varepsilon},T,\boldsymbol{v},\boldsymbol{D}) \tag{2-215}$$

由于内变量的实际含义不同，张量 $\boldsymbol{v}$ 的阶数可以是零阶 (标量)、一阶 (矢量)、二阶或高阶，与之对应的广义力定义为张量 $\boldsymbol{f}$，现假定它们都是二阶张量。

热力学第一定律 (能量守恒定律) 和热力学第二定律 (熵增加原理) 可以表示成下面的形式：

$$\left(\boldsymbol{\sigma}-\rho\frac{\partial\varphi}{\partial\boldsymbol{\varepsilon}}\right):\dot{\boldsymbol{\varepsilon}}-\rho\left(s+\frac{\partial\varphi}{\partial T}\right)\dot{T}-\rho T\dot{s}-\rho\frac{\partial\varphi}{\partial\boldsymbol{v}}:\dot{\boldsymbol{v}}-\rho\frac{\partial\varphi}{\partial\boldsymbol{D}}:\dot{\boldsymbol{D}}+h-\mathrm{div}\boldsymbol{q}=0$$

$$\left(\boldsymbol{\sigma}-\rho\frac{\partial\varphi}{\partial\boldsymbol{\varepsilon}}\right):\dot{\boldsymbol{\varepsilon}}-\rho\left(s+\frac{\partial\varphi}{\partial T}\right)\dot{T}-\rho\frac{\partial\varphi}{\partial\boldsymbol{v}}:\boldsymbol{v}-\rho\frac{\partial\varphi}{\partial\boldsymbol{D}}:\boldsymbol{D}+\boldsymbol{g}\cdot\boldsymbol{q}\geqslant 0 \tag{3-216}$$

上式对于任意的应变速率 $\dot{\boldsymbol{\varepsilon}}$ 和温度变化率 $\dot{T}$ 都成立，故有

$$\boldsymbol{\sigma}=\rho\frac{\partial\varphi}{\partial\boldsymbol{\varepsilon}} \tag{3-217}$$

$$s=-\frac{\partial\varphi}{\partial T} \tag{3-218}$$

定义 $\boldsymbol{f}=\rho\frac{\partial\varphi}{\partial\boldsymbol{v}}$，$\boldsymbol{y}=\rho\frac{\partial\varphi}{\partial\boldsymbol{D}}$，其中 $\boldsymbol{y}$ 是与损伤变量 $\boldsymbol{D}$ 对应的热力学广义力，称为损伤应变能释放率，它的物理意义可以理解为表征材料对内部微结构变化具有的抗力。

于是热力学定律可写成

$$-\boldsymbol{f}:\boldsymbol{v}-\boldsymbol{y}:\boldsymbol{D}+\boldsymbol{g}\cdot\boldsymbol{q}\geqslant 0 \tag{3-219}$$

如果不考虑力学耗散与热耗散的耦合，则有

$$-\boldsymbol{f}:\boldsymbol{v}-\boldsymbol{y}:\boldsymbol{D}\geqslant 0 \tag{3-220}$$

$$\boldsymbol{g}\cdot\boldsymbol{q}\geqslant 0 \tag{3-221}$$

损伤耗散与力学过程中其他内部状态变量的相互影响相当复杂。为简化起见，并根据损伤有不可逆特性，不考虑它们之间的耦合，于是 $-\boldsymbol{f}:\boldsymbol{v}\geqslant 0$，$-\boldsymbol{y}:\boldsymbol{D}\geqslant 0$。在通常情况下，可写成 $\boldsymbol{y}=-F\boldsymbol{D}$，而 F 是一正函数，此式描述了损伤演变规律。

引入傅里叶热传导定律

$$\boldsymbol{q}=\boldsymbol{C}\cdot\boldsymbol{g}=-\frac{1}{T}\boldsymbol{C}\cdot\mathrm{grad}T \tag{3-222}$$

式中 $\boldsymbol{C}$ 为二阶对称张量。当热传导是各向同性时，张量 $\boldsymbol{C}$ 可表为 $\boldsymbol{C}=kT\boldsymbol{G}$，其中 k 为热导系数。于是各向同性热传导的傅里叶方程为 $\boldsymbol{q}=-k\mathrm{grad}T$。

综上所述，将热力学第一定律和第二定律应用于损伤本构泛函，得到以亥姆霍兹自由能表达的损伤本构方程，包括了应力应变关系、熵的定义、内变量演变规律、损伤演变规律以及傅里叶热传导方程。

在不考虑热耗散，或与热能解耦后，可以把应变能作为自由能。在只考虑弹性与损伤耦合时，可写出如下的弹性损伤本构方程：

$$\boldsymbol{\sigma}=\rho\frac{\partial\varphi^{e}}{\partial\boldsymbol{\varepsilon}^{e}} \tag{3-223}$$

$$\boldsymbol{y}=\rho\frac{\partial\varphi^{e}}{\partial\boldsymbol{D}} \tag{3-224}$$

式中 φ^{e} 为损伤弹性应变能；$\boldsymbol{\varepsilon}^{e}$ 为弹性应变张量。

(9) 广义相对论

爱因斯坦提出的广义相对论方程如下：

$$G_{\alpha\beta}=R_{\alpha\beta}-\frac{1}{2}Rg_{\alpha\beta}=\frac{8\pi G}{c^{4}}T_{\alpha\beta} \tag{3-225}$$

$$\boldsymbol{G}=\boldsymbol{R}-\frac{1}{2}R\boldsymbol{g}=\frac{8\pi G}{c^{4}}\boldsymbol{T} \tag{3-226}$$

其中 $\boldsymbol{G}$ 为爱因斯坦张量，$\boldsymbol{R}$ 代表 Ricci 张量，R 代表曲率标量，$\boldsymbol{T}$ 代表能量动量张量。

补注：在广义相对论的实验验证上，有著名的三大验证。在水星近日点的进动中，长期无法得到解释的每百年 43 秒的剩余进动，被广义相对论完满地解释清楚了。光线在引力场中的弯曲，广义相对论计算的结果比牛顿理论正好大了 1 倍，爱丁顿的观测队对 1919 年 5 月 29 日的日全食观测的结果，证实了广义相对论是正确的。再就是引力红移，按照广义相对论，在引力场中的时钟要变慢，因此从恒星表面射到地球上来的光线，其光谱线会发生红移，这也在很高精度上得到了证实。从此，广义相对论理论的正确性得到了广泛的认可。

另外，宇宙的膨胀也创造出了广义相对论的另一场高潮。从 1922 年开始，研究者们就发现场方程式所得出的解答会是一个膨胀中的宇宙，而爱因斯坦在那时自然也不相信宇宙会胀缩，所以他便在场方程式中加入了一个宇宙常数来使场方程式可以有一个稳定宇宙的解，但是这个解有两个问题。在理论上，一个稳定宇宙的解在数学上不是稳定的。另外在观测上，1929 年，哈勃发现了宇宙其实是在膨胀的，这个实验结果使得爱因斯坦放弃了宇宙常数，并宣称这是他一生最大的错误。但根据最近对超新星的观察——宇宙膨胀正在加速，宇宙常数似乎有再度复活的可能性，宇宙中存在的暗能量可能就必须用宇宙常数来解释。

习　题

3.1　已知：$\boldsymbol{u}$ 为矢量。求：$f=\mathrm{e}^{u^2}$ 是否为 $\boldsymbol{u}$ 的各向同性函数，并说明理由。

3.2　已知：$\boldsymbol{T}$ 为二阶张量。求：下列函数是否为 $\boldsymbol{T}$ 各向同性标量函数，并说明理由。

(1) 在某一特定的笛卡儿坐标系中，$f=\sum\limits_{i=1}^{3}\sum\limits_{j=1}^{3}(T_{ij})^2$；

(2) $f=\boldsymbol{T}^{\mathrm{T}}\cdot\cdot\boldsymbol{T}$.

3.3　求证：$\boldsymbol{H}=\boldsymbol{T}$，$\boldsymbol{H}=\boldsymbol{T}^2$，$\boldsymbol{H}=\boldsymbol{T}^n$ 是二阶张量 $\boldsymbol{T}$ 的各向同性二阶张量函数。

3.4　已知：二阶张量 $\boldsymbol{T}$。问：下列张量函数是否为 $\boldsymbol{T}$ 的各向同性张量函数，并说明理由。

(1) $\boldsymbol{H}=\boldsymbol{T}^{\mathrm{T}}$；

(2) $\boldsymbol{H}=\boldsymbol{T}\cdot\boldsymbol{A}\cdot\boldsymbol{T}$($\boldsymbol{A}$ 为任意二阶常张量)。

3.5　已知：二阶张量 $\boldsymbol{T}$ 和 $\boldsymbol{A}$，且有张量函数 $\boldsymbol{H}=\boldsymbol{A}\cdot\boldsymbol{T}$。问当 $\boldsymbol{A}$ 满足什么条件时，$\boldsymbol{H}$ 是 $\boldsymbol{T}$ 的各向同性张量函数。

3.6　已知：二阶张量 $\boldsymbol{T}$ 的张量函数 $\boldsymbol{H}=k_0\boldsymbol{G}+k_1\boldsymbol{T}+k_2\boldsymbol{T}^2$，其中 $\boldsymbol{T}$ 可分解为球形张量 $\boldsymbol{P}^T$，偏斜张量 $\boldsymbol{D}^T$，反对称张量 $\boldsymbol{\Omega}^T$，即 $\boldsymbol{T}=\boldsymbol{P}^T+\boldsymbol{D}^T+\boldsymbol{\Omega}^T$。求证：$\boldsymbol{H}$ 可分解为球形张量 $\boldsymbol{P}^H$，偏斜张量 $\boldsymbol{D}^H$，反对称张量 $\boldsymbol{\Omega}^H$，即

$$\boldsymbol{H}=\boldsymbol{P}^H+\boldsymbol{D}^H+\boldsymbol{\Omega}^H$$

其中

$$\boldsymbol{P}^H=\left\{k_0+\frac{1}{3}k_1J_1^T+\frac{1}{3}k_2\left[\left(J_1^T\right)^2-2J_2^T\right]\right\}\boldsymbol{G}$$

$$\boldsymbol{D}^H=k_1\boldsymbol{D}^T+k_2\left\{2\boldsymbol{P}^T\cdot\boldsymbol{D}^T+\left(\boldsymbol{P}^T\right)^2+\left(\boldsymbol{D}^T\right)^2+\left(\boldsymbol{\Omega}^T\right)^2-\frac{1}{3}\left[\left(J_1^T\right)^2-2J_2^T\right]\boldsymbol{G}\right\}$$

$$\boldsymbol{\Omega}^H=k_1\boldsymbol{\Omega}^T+k_2\left[\boldsymbol{D}^T\cdot\boldsymbol{\Omega}^T+\boldsymbol{\Omega}^T\cdot\boldsymbol{D}^T+2\boldsymbol{P}^T\cdot\boldsymbol{\Omega}^T\right]$$

3.7　设反对称张量 $\boldsymbol{\Omega}$ 的轴方向为 $\boldsymbol{e}_3$，在正交标准化基中 $\boldsymbol{e}_1$，$\boldsymbol{e}_2$，$\boldsymbol{e}_3$

$$[\boldsymbol{\Omega}]=\begin{bmatrix}0&-\varphi&0\\ \varphi&0&0\\ 0&0&0\end{bmatrix}$$

主不变量为 $J_1^{\Omega}=0$，$J_2^{\Omega}=\varphi^2$，$J_3^{\Omega}=0$。

已知：张量函数

$$\boldsymbol{R}=\mathrm{e}^{\boldsymbol{\Omega}}=\boldsymbol{G}+\frac{1}{1!}\boldsymbol{\Omega}+\frac{1}{2!}\boldsymbol{\Omega}^2+\cdots\ (\text{设级数收敛})$$

求证：

$$[\boldsymbol{R}]=\begin{bmatrix}\cos\varphi & -\sin\varphi & 0\\ \sin\varphi & \cos\varphi & 0\\ 0 & 0 & 1\end{bmatrix}$$

$\boldsymbol{R}$ 是正交张量，其主不变量为 $J_1^R=1+2\cos\varphi$，$J_2^R=1+2\cos\varphi$，$J_3^R=1$。

$$\left\{\text{提示：}\left[\boldsymbol{\Omega}^{2n}\right]=(-1)^n\varphi^{2n}\begin{bmatrix}1&0&0\\0&1&0\\0&0&0\end{bmatrix},\quad\left[\boldsymbol{\Omega}^{2n+1}\right]=(-1)^n\varphi^{2n+1}\begin{bmatrix}0&-1&0\\1&0&0\\0&0&0\end{bmatrix}\right\}$$

3.8　已知：任一反对称二阶张量 $\boldsymbol{\Omega}$，其反偶矢量为 $\varphi\boldsymbol{e}_3$。求证：$\boldsymbol{\Omega}^3+\varphi^2\boldsymbol{\Omega}=0$。

3.9　已知：二阶反对称张量 $\boldsymbol{\Omega}$ 的轴方向单位矢量为 $\boldsymbol{e}_3$，与 $\boldsymbol{e}_3$ 为反偶的张量 $\boldsymbol{L}$ 为

$$\boldsymbol{L}=-\in\cdot\boldsymbol{e}_3=\frac{1}{\varphi}\boldsymbol{\Omega}$$

求证：$\boldsymbol{L}^2=\boldsymbol{e}_3\boldsymbol{e}_3-\boldsymbol{G}$。

3.10　已知：矢量 $\boldsymbol{V}$ 的标量函数 $\varphi=\boldsymbol{V}^2$，用定义求 $\nabla\varphi$。

3.11　已知：$f(\boldsymbol{T})=\varphi(\boldsymbol{T})\psi(\boldsymbol{T})$，其中 $\boldsymbol{T}$ 为二阶张量，f，φ，ψ 均为标量函数。用定义求 $f'(\boldsymbol{T})$，要求用 $\varphi(\boldsymbol{T})$，$\psi(\boldsymbol{T})$ 及其导数表示。

3.12　已知：正交二阶张量 $\boldsymbol{Q}(t)$。求证：$\boldsymbol{Q}(t)\cdot\boldsymbol{Q}^{\mathrm{T}}(t)$ 关于一切时间 t 均为反对称二阶张量。

3.13　已知：$\boldsymbol{V}$ 是矢量，$\boldsymbol{W}(\boldsymbol{V})$ 和 $\boldsymbol{U}(\boldsymbol{V})$ 是矢量函数，$\varphi(\boldsymbol{V})=\boldsymbol{W}(\boldsymbol{V})\cdot\boldsymbol{U}(\boldsymbol{V})$。求：$\varphi'(\boldsymbol{V})$，要求用 $\boldsymbol{W}(\boldsymbol{V})$，$\boldsymbol{U}(\boldsymbol{V})$ 及其导数表示。

3.14　求证二阶张量 $\boldsymbol{T}$ 的各向同性标量函数 $\varphi=f(\boldsymbol{T})$ 的导数 $f'(\boldsymbol{T})$ 为各向同性二阶张量函数。

3.15　求证矢量 $\boldsymbol{v}$ 的各向同性矢量函数 $\boldsymbol{w}=\boldsymbol{F}(\boldsymbol{v})$ 的导数 $\boldsymbol{F}'(\boldsymbol{v})$ 为各向同性二阶张量函数。

3.16　试求 $\dfrac{\mathrm{d}J_k}{\mathrm{d}\boldsymbol{T}}$ 及其分量。

3.17　求 $\det(\boldsymbol{T}^m)$ 的导数 ($\boldsymbol{T}$ 为二阶张量)。

3.18　求 $\dfrac{\mathrm{d}\boldsymbol{T}^{\mathrm{T}}}{\mathrm{d}\boldsymbol{T}}$($\boldsymbol{T}^{\mathrm{T}}$ 为二阶张量 $\boldsymbol{T}$ 的转置张量)。

3.19　求 $\dfrac{\mathrm{d}\left[\left(\boldsymbol{T}^{\mathrm{T}}\right)^2\right]}{\mathrm{d}\boldsymbol{T}}$($\boldsymbol{T}^{\mathrm{T}}$ 为二阶张量 $\boldsymbol{T}$ 的转置张量)。

3.20　求 $\det(\lambda\boldsymbol{G}-\boldsymbol{T})$ 对 λ 及对 $\boldsymbol{T}$ 的一阶、二阶导数 ($\boldsymbol{T}$ 为二阶张量)。

3.21　已知：矢量 $\boldsymbol{v}$ 的标量函数 $\varphi = \mathrm{e}^{v^2}$。求：

(1) $\dfrac{\mathrm{d}\varphi}{\mathrm{d}\boldsymbol{v}}$；

(2) $\dfrac{\mathrm{d}\varphi}{\mathrm{d}\boldsymbol{v}}$ 是否为各向同性函数，并说明理由。

3.22　已知：线弹性材料的应变能密度 $\omega(\boldsymbol{\varepsilon}) = \dfrac{1}{2}\left[a_0 (J_1^*)^2 + a_1 (J_2^*)\right]$。求：

(1) 利用格林公式 $\boldsymbol{\sigma} = \dfrac{\mathrm{d}\omega}{\mathrm{d}\boldsymbol{\varepsilon}}$，求 $\boldsymbol{\sigma}$ 与 $\boldsymbol{\varepsilon}$ 的关系。

(2) 弹性常数 C_{ijkl}，要求满足 Voigt 对称性。

3.23　已知：某种各向同性非线性材料，应变能密度为

$$\varphi(\boldsymbol{\varepsilon}) = \frac{1}{2}a_0 (J_1^\varepsilon)^3 - a_0 J_1^\varepsilon J_2^\varepsilon$$

求：(1) $\boldsymbol{\sigma}$ 与 $\boldsymbol{\varepsilon}$ 的关系。

(2) 切线模量 $\boldsymbol{C} = \dfrac{\mathrm{d}\boldsymbol{\sigma}}{\mathrm{d}\boldsymbol{\varepsilon}}$，写出 C_{ijkl} 的表达式，要求满足 Voigt 对称性。

3.24　已知：应力偏量 $\boldsymbol{\sigma}' = \boldsymbol{\sigma} - \dfrac{1}{3}J_1^\sigma \boldsymbol{G}$，等效应力 $\boldsymbol{\sigma}_{\mathrm{eq}} = \left(\dfrac{3}{2}\boldsymbol{\sigma}' : \boldsymbol{\sigma}'\right)^{1/2}$。求：$\mathrm{d}\boldsymbol{\sigma}_{\mathrm{eq}}/\mathrm{d}\boldsymbol{\sigma}$(规定 $\mathrm{d}\boldsymbol{\sigma}_{\mathrm{eq}}/\mathrm{d}\boldsymbol{\sigma}$ 为对称二阶偏斜张量)。

第 4 章　曲线坐标系

4.1　基矢量的导数

在直线坐标系中，基矢量不随点的位置变化而变化；而在任意曲线坐标 (curvilinear coordinate) 系 (也称为曲纹坐标系) 中，此时，协变基矢量以及其对偶的逆变基矢量是随点变化的局部基矢量。由此可见，曲线坐标具有非固定性，空间的不同点拥有不同的标架，因此成为活动标架。由此可见，对一个张量，在不同的点对当地的基矢量进行分解，也将得到不同的分量，故张量分量也总是关于点的坐标 x^i 的函数。

在曲线坐标系中，基矢量 $\boldsymbol{g}^k$ 或 $\boldsymbol{g}_k$ 随着坐标 x^i 而改变，故此定义

$$\frac{\partial \boldsymbol{g}_j}{\partial x^i} = \Gamma_{ij}^k \boldsymbol{g}_k \tag{4-1}$$

其中系数 Γ_{ij}^k 称为第二类克里斯托费尔 (Christoffel) 符号，该系数共有 27 个分量。

另外，基矢量本身是矢径关于坐标的导数，故此我们有

$$\frac{\partial \boldsymbol{g}_j}{\partial x^i} = \frac{\partial^2 \boldsymbol{r}}{\partial x^i \partial x^j} = \frac{\partial \boldsymbol{g}_i}{\partial x^j} \tag{4-2}$$

故此

$$\Gamma_{ij}^k = \Gamma_{ji}^k \tag{4-3}$$

即 Γ_{ij}^k 关于 i，j 对称，所以其独立的分量共有 18 个。

需要说明的是，第二类 Christoffel 符号 Γ_{ij}^k 不是张量的分量。因为若在某一坐标系中，一个张量的所有分量均为 0，则在任意曲线坐标系中该张量的分量也均应该为 0，但 Christoffel 符号却不具备此种性质。在直线坐标系中，$\boldsymbol{g}^i$ 保持不变，故 $\Gamma_{ij}^k = 0$；而在曲线坐标系中 $\Gamma_{ij}^k \neq 0$。由此可见 Γ_{ij}^k 并不是张量的分量。

根据第二类 Christoffel 符号的定义，有

$$\Gamma_{ij}^k = \frac{\partial \boldsymbol{g}_j}{\partial x^i} \cdot \boldsymbol{g}^k \tag{4-4}$$

此式也可以作为其定义。

类似地，若将协变基矢量 $\boldsymbol{g}_j$ 对坐标的导数对逆变基分解，则有

$$\frac{\partial \boldsymbol{g}_j}{\partial x^i} = \Gamma_{ij}^l g_{kl} \boldsymbol{g}^k \tag{4-5}$$

定义

$$\Gamma_{ij,k} = \Gamma_{ij}^l g_{kl} \tag{4-6}$$

为第一类 Christoffel 符号，即

$$\frac{\partial \boldsymbol{g}_j}{\partial x^i} = \Gamma_{ij,k} \boldsymbol{g}^k \tag{4-7}$$

$$\Gamma_{ij,k} = \frac{\partial \boldsymbol{g}_j}{\partial x^i} \cdot \boldsymbol{g}_k \tag{4-8}$$

显然可以证明

$$\Gamma_{ij,k} = \Gamma_{ji,k} \tag{4-9}$$

同时有

$$\frac{\partial g_{ij}}{\partial x^k} = \Gamma_{ik,j} + \Gamma_{jk,i} \tag{4-10}$$

$$\frac{\partial g_{jk}}{\partial x^i} = \Gamma_{ij,k} + \Gamma_{ik,j} \tag{4-11}$$

$$\frac{\partial g_{ik}}{\partial x^j} = \Gamma_{ij,k} + \Gamma_{jk,i} \tag{4-12}$$

所以得到

$$\Gamma_{ij,k} = \frac{1}{2}\left(\frac{\partial g_{ik}}{\partial x^j} + \frac{\partial g_{jk}}{\partial x^i} - \frac{\partial g_{ij}}{\partial x^k}\right) \tag{4-13}$$

利用指标升降关系，可以得到

$$g^{kl}\Gamma_{ij,k} = \Gamma_{ij}^l \tag{4-14}$$

则

$$\Gamma_{ij}^l = \frac{1}{2} g^{kl}\left(\frac{\partial g_{ik}}{\partial x^j} + \frac{\partial g_{jk}}{\partial x^i} - \frac{\partial g_{ij}}{\partial x^k}\right) \tag{4-15}$$

逆变基矢量和协变基矢量具有对偶关系，即

$$\boldsymbol{g}^i \cdot \boldsymbol{g}_j = \delta_j^i \tag{4-16}$$

上式对坐标求导，有

$$\frac{\partial \boldsymbol{g}^i}{\partial x^k} \cdot \boldsymbol{g}_j + \boldsymbol{g}^i \cdot \frac{\partial \boldsymbol{g}_j}{\partial x^k} = 0 \tag{4-17}$$

所以

$$\frac{\partial \boldsymbol{g}^i}{\partial x^j} = -\Gamma^i_{jk} \boldsymbol{g}^k \tag{4-18}$$

而

$$\sqrt{g} = \boldsymbol{g}_1 \times \boldsymbol{g}_2 \cdot \boldsymbol{g}_3 \tag{4-19}$$

则其关于坐标的导数为

$$\begin{aligned}
\frac{\partial \sqrt{g}}{\partial x^i} =& \frac{\partial \boldsymbol{g}_1}{\partial x^i} \times \boldsymbol{g}_2 \cdot \boldsymbol{g}_3 + \boldsymbol{g}_1 \times \frac{\partial \boldsymbol{g}_2}{\partial x^i} \cdot \boldsymbol{g}_3 + \boldsymbol{g}_1 \times \boldsymbol{g}_2 \cdot \frac{\partial \boldsymbol{g}_3}{\partial x^i} \\
=& \Gamma^k_{1i} \boldsymbol{g}_k \times \boldsymbol{g}_2 \cdot \boldsymbol{g}_3 + \boldsymbol{g}_1 \times \Gamma^k_{2i} \boldsymbol{g}_k \cdot \boldsymbol{g}_3 + \boldsymbol{g}_1 \times \boldsymbol{g}_2 \cdot \Gamma^k_{3i} \boldsymbol{g}_k \\
=& \Gamma^1_{1i} \boldsymbol{g}_1 \times \boldsymbol{g}_2 \cdot \boldsymbol{g}_3 + \boldsymbol{g}_1 \times \Gamma^2_{2i} \boldsymbol{g}_2 \cdot \boldsymbol{g}_3 + \boldsymbol{g}_1 \times \boldsymbol{g}_2 \cdot \Gamma^3_{3i} \boldsymbol{g}_3 \\
=& \Gamma^j_{ji} \boldsymbol{g}_1 \times \boldsymbol{g}_2 \cdot \boldsymbol{g}_3 \\
=& \Gamma^j_{ji} \sqrt{g}
\end{aligned} \tag{4-20}$$

从而

$$\Gamma^j_{ji} = \Gamma^j_{ij} = \frac{1}{\sqrt{g}} \frac{\partial \sqrt{g}}{\partial x^i} = \frac{\partial \left(\ln \sqrt{g}\right)}{\partial x^i} = \frac{1}{2} \frac{\partial \left(\ln g\right)}{\partial x^i} \tag{4-21}$$

Christoffel 符号的意义可以表述为：“Christoffel 引进的这两个概念的重要意义至少在于，有助于建立曲率张量和协变微分概念，使得里奇可以借助他的工作发展出绝对微分学，使得爱因斯坦在物理学中构造出张量分析方法。”

4.2 张量场函数对矢径的导数

在三维空间中，一个 n 阶的张量场函数 $\boldsymbol{T}$ 可表达为关于矢径 $\boldsymbol{r}$ 的函数

$$\boldsymbol{T} = \boldsymbol{T}(\boldsymbol{r}) \tag{4-22}$$

其并矢形式为

$$\boldsymbol{T}(\boldsymbol{r}) = \boldsymbol{T}^{ij\cdots}_{\cdots kl} \boldsymbol{g}_i \boldsymbol{g}_j \cdots \boldsymbol{g}^k \boldsymbol{g}^l \tag{4-23}$$

式中无论分量或者基矢量都是矢径 (或空间曲线坐标) 的函数。

张量场函数的导数定义为

$$\boldsymbol{T}'(\boldsymbol{r})=\frac{\mathrm{d}\boldsymbol{T}}{\mathrm{d}\boldsymbol{r}}=\frac{\partial\boldsymbol{T}}{\partial x^i}\boldsymbol{g}^i \tag{4-24}$$

张量场函数的微分为

$$\mathrm{d}\boldsymbol{T}=\boldsymbol{T}'(\boldsymbol{r})\cdot\mathrm{d}\boldsymbol{r} \tag{4-25}$$

将场函数对矢径的导数定义为场函数的右梯度，则有

$$\boldsymbol{T}\nabla=\boldsymbol{T}'(\boldsymbol{r})=\frac{\partial\boldsymbol{T}}{\partial x^i}\boldsymbol{g}^i \tag{4-26}$$

则张量的微分可以写为

$$\mathrm{d}\boldsymbol{T}=(\boldsymbol{T}\nabla)\cdot\mathrm{d}\boldsymbol{r} \tag{4-27}$$

其中 Hamilton 微分算子

$$(\ )\nabla=\frac{\partial(\ )}{\partial x^i}\boldsymbol{g}^i \tag{4-28}$$

$$\nabla(\ )=\boldsymbol{g}^i\frac{\partial(\ )}{\partial x^i} \tag{4-29}$$

类似地，可以定义张量场的左梯度

$$\nabla\boldsymbol{T}=\boldsymbol{g}^i\frac{\partial\boldsymbol{T}}{\partial x^i} \tag{4-30}$$

并有

$$\mathrm{d}\boldsymbol{T}=\mathrm{d}\boldsymbol{r}\cdot(\nabla\boldsymbol{T}) \tag{4-31}$$

根据商法则，n 阶张量场 $\boldsymbol{T}$ 的右梯度与左梯度都是 $n+1$ 阶张量。但一般来说，$\boldsymbol{T}\nabla$ 与 $\nabla\boldsymbol{T}$ 是不同的张量。只有对于标量场函数 φ，才有

$$\nabla\varphi=\varphi\nabla \tag{4-32}$$

对于矢量场函数 $\boldsymbol{F}$，其梯度为二阶张量场，且

$$\boldsymbol{F}\nabla=(\nabla\boldsymbol{F})^{\mathrm{T}} \tag{4-33}$$

4.3　矢量和张量场函数分量对坐标的协变导数

本节以在工程应用中我们最常见的矢量场函数——力 $\boldsymbol{F}(\boldsymbol{r})$ 为例，则函数 $\boldsymbol{F}(\boldsymbol{r})$ 在曲线坐标系中对协变基矢量的分解式为

$$\boldsymbol{F}=F^i\boldsymbol{g}_i \tag{4-34}$$

由于其逆变分量和协变基矢量都是关于坐标的函数，因此上式矢量函数 $\boldsymbol{F}$ 对坐标 x^j 的偏导数是

$$\frac{\partial \boldsymbol{F}}{\partial x^j}=\frac{\partial F^i}{\partial x^j}\boldsymbol{g}_i+F^i\frac{\partial \boldsymbol{g}_i}{\partial x^j} \tag{4-35}$$

利用第二类 Christoffel 符号的定义式并对上式更换一次哑指标，则上式可以进一步写为

$$\frac{\partial \boldsymbol{F}}{\partial x^j}=\frac{\partial F^i}{\partial x^j}\boldsymbol{g}_i+F^i\frac{\partial \boldsymbol{g}_i}{\partial x^j}=\left(\frac{\partial F^i}{\partial x^j}+F^m\Gamma^i_{jm}\right)\boldsymbol{g}_i=F^i_{;j}\boldsymbol{g}_i \tag{4-36}$$

式中引入了新的符号

$$F^i_{;j}=\frac{\partial F^i}{\partial x^j}+F^m\Gamma^i_{jm} \tag{4-37}$$

该表达式称为矢量 $\boldsymbol{F}$ 的逆变分量 F^i 对坐标 x^j 的协变导数，即矢量分量的协变导数分为两部分，第一部分是该分量对坐标的普通偏导数，记作

$$F^i_{,j}=\partial_jF^i=\frac{\partial F^i}{\partial x^j} \tag{4-38}$$

第二部分 $F^m\Gamma^i_{jm}$ 则反映了基矢量随坐标 x^j 的变化，它由三项构成 (哑指标 $m=1,2,3$)，即在曲线坐标系中分量 F^i 对坐标 x^j 的协变导数不仅与该分量有关，还与另外两个分量有关。只有在直角坐标系中才满足

$$\Gamma^i_{jm}=0 \tag{4-39}$$

此时协变导数与普通偏导数的差别将消失：

$$F^i_{;j}=F^i_{,j} \tag{4-40}$$

若将矢量场 $\boldsymbol{F}(\boldsymbol{r})$ 在曲线坐标系中对逆变基矢量分解

$$\boldsymbol{F}=F_i\boldsymbol{g}^i \tag{4-41}$$

注意到逆变基矢量对坐标的导数，上式对坐标的导数应为

$$\frac{\partial \boldsymbol{F}}{\partial x^j}=\frac{\partial F_i}{\partial x^j}\boldsymbol{g}^i-F_i\Gamma_{jk}^i\boldsymbol{g}^k=\left(\frac{\partial F_i}{\partial x^j}-F_m\Gamma_{ji}^m\right)\boldsymbol{g}^i=F_{i;j}\boldsymbol{g}^j \tag{4-42}$$

式中记

$$F_{i;j}=\frac{\partial F_i}{\partial x^j}-F_m\Gamma_{ji}^m \tag{4-43}$$

称为矢量 $\boldsymbol{F}$ 的协变分量 F_i 对坐标 x^j 的协变导数。而式中第一部分为矢量 $\boldsymbol{F}$ 的协变分量 F_i 对坐标的普通偏导数，记作

$$F_{i,j}=\partial_j F_i=\frac{\partial F_i}{\partial x^j} \tag{4-44}$$

需要说明的是，在协变导数的定义式中，应注意有 Christoffel 符号的第二项中哑指标 m 为一上一下，而自由指标与其他项在同一水平上，同时还应注意第二项的符号。

可以证明，同一个矢量的协变与逆变分量的协变导数之间仍满足指标升降关系。由前述定义，有

$$\frac{\partial \boldsymbol{F}}{\partial x^j}=F_{;j}^i\boldsymbol{g}_i=F_{;j}^i g_{ik}\boldsymbol{g}^k=F_{;j}^k g_{ki}\boldsymbol{g}^i \tag{4-45}$$

则可推得

$$F_{i;j}=g_{ik}F_{;j}^k \tag{4-46}$$

而矢量的逆变分量与协变分量之间本应满足指标升降关系

$$F_{i;j}=\left(g_{ik}F^k\right)_{;j} \tag{4-47}$$

与前述公式相比较可得

$$\left(g_{ik}F^k\right)_{;j}=F_{i;j}=g_{ik}F_{;j}^k \tag{4-48}$$

上式意味着度量张量分量在求协变导数的运算中，可以没有变化地移出 (或者移入) 协变导数的运算括号之外 (或者之内)。

表达式 $\dfrac{\partial \boldsymbol{F}}{\partial x^j}$ 不具有对坐标的不变性，但它与基矢量的并矢都是二阶张量，从而具有对坐标的不变性，其并矢展开式为

$$\boldsymbol{F}\nabla=\frac{\partial \boldsymbol{F}}{\partial x^j}\boldsymbol{g}^j=F_{;j}^i\boldsymbol{g}_i\boldsymbol{g}^j=F_{i;j}\boldsymbol{g}^i\boldsymbol{g}^j \tag{4-49}$$

$$\nabla \boldsymbol{F} = \boldsymbol{g}^j \frac{\partial \boldsymbol{F}}{\partial x^j} = F^i_{;j} \boldsymbol{g}^j \boldsymbol{g}_i = F_{i;j} \boldsymbol{g}^j \boldsymbol{g}^i \tag{4-50}$$

引入符号 $\nabla_j(\ ) = (\ )_{;j}$，作为表示张量分量协变导数的另一种符号，上式可记作

$$\nabla \boldsymbol{F} = \boldsymbol{g}^j \frac{\partial \boldsymbol{F}}{\partial x^j} = \nabla_j F^i \boldsymbol{g}^j \boldsymbol{g}_i = \nabla_j F_i \boldsymbol{g}^j \boldsymbol{g}^i \tag{4-51}$$

进一步可以证明：矢量分量的协变导数是二阶张量 (矢量的梯度) 的分量；或者说，求协变导数的运算是一种张量运算。这一点可以从矢量分量的协变导数满足二阶张量分量的坐标转换关系来阐述，此处省略其证明过程。由此结论，可以进一步证明梯度 $\boldsymbol{F}\nabla$ 和 $\nabla\boldsymbol{F}$ 都是二阶张量。

协变导数的指标既然都是张量指标，就可以用度量张量进行升降指标，因此有下列关系：

$$\boldsymbol{F}\nabla = F^i_{;j} \boldsymbol{g}_i \boldsymbol{g}^j = F_{i;j} \boldsymbol{g}^i \boldsymbol{g}^j = F^{i;j} \boldsymbol{g}_i \boldsymbol{g}_j = F_i^{;j} \boldsymbol{g}^i \boldsymbol{g}_j \tag{4-52}$$

$$\nabla \boldsymbol{F} = \nabla_i F^j \boldsymbol{g}^i \boldsymbol{g}_j = \nabla_i F_j \boldsymbol{g}^i \boldsymbol{g}^j = \nabla^i F^j \boldsymbol{g}_i \boldsymbol{g}_j = \nabla^i F_j \boldsymbol{g}_i \boldsymbol{g}^j \tag{4-53}$$

式中 $F^{i;j}$(或 $\nabla^j F^i$),$F_i^{;j}$(或 $\nabla^j F_i$) 分别称为矢量的逆变分量 F^i 与协变分量 F_i 的逆变导数，它们是由协变导数升指标得到的：

$$F^{i;j} = \nabla^j F^i = g^{jk} F^i_{;k} = g^{jk} \nabla_k F^i \tag{4-54}$$

$$F_i^{;j} = \nabla^j F_i = g^{jk} F_{i;k} = g^{jk} \nabla_k F_i \tag{4-55}$$

例 1　证明矢径 $\boldsymbol{r}$ 的梯度就是度量张量 $\boldsymbol{G}$。

证　矢径写为

$$\boldsymbol{r}\left(x^j\right) = r^i\left(x^j\right) \boldsymbol{g}_i\left(x^j\right) \tag{4-56}$$

则有

$$\boldsymbol{g}_j = \frac{\partial \boldsymbol{r}}{\partial x^j} = r^i_{;j} \boldsymbol{g}_i = \delta^i_j \boldsymbol{g}_i \tag{4-57}$$

故

$$\boldsymbol{r}\nabla = \frac{\partial \boldsymbol{r}}{\partial x^j} \boldsymbol{g}^j = r^i_{;j} \boldsymbol{g}_i \boldsymbol{g}^j = \delta^i_j \boldsymbol{g}_i \boldsymbol{g}^j = \boldsymbol{G} \tag{4-58}$$

具体而言，对于速度 $\boldsymbol{v}$ 的运算有

$$\boldsymbol{v}\nabla = v^i_{;j} \boldsymbol{g}_i \boldsymbol{g}^j = v_{i;j} \boldsymbol{g}^i \boldsymbol{g}^j = v^{i;j} \boldsymbol{g}_i \boldsymbol{g}_j = v_i^{;j} \boldsymbol{g}^i \boldsymbol{g}_j \tag{4-59}$$

$$\nabla \boldsymbol{v} = \nabla_i v^j \boldsymbol{g}^i \boldsymbol{g}_j = \nabla_i v_j \boldsymbol{g}^i \boldsymbol{g}^j = \nabla^i v^j \boldsymbol{g}_i \boldsymbol{g}_j = \nabla^i v_j \boldsymbol{g}_i \boldsymbol{g}^j \tag{4-60}$$

$$v^{i;j} = \nabla^j v^i = g^{jk} v^i_{;k} = g^{jk} \nabla_k v^i \tag{4-61}$$

$$v_i^{;j} = \nabla^j v_i = g^{jk} v_{i;k} = g^{jk} \nabla_k v_i \tag{4-62}$$

$$\frac{\partial \boldsymbol{v}}{\partial x^j} = \frac{\partial v_i}{\partial x^j} \boldsymbol{g}^i - v_i \Gamma^i_{jk} \boldsymbol{g}^k = \left(\frac{\partial v_i}{\partial x^j} - v_m \Gamma^m_{ji} \right) \boldsymbol{g}^i \tag{4-63}$$

类似地，根据前述运算规则可以求得张量场函数的分量对坐标的协变导数。以三阶张量 $\boldsymbol{T}(\boldsymbol{r})$ 为例，在任意曲线坐标系中其并矢表达式为

$$\boldsymbol{T} = T^{ij}_{\cdot\cdot k} \boldsymbol{g}_i \boldsymbol{g}_j \boldsymbol{g}^k = T_{i\cdot\cdot}^{\cdot jk} \boldsymbol{g}^i \boldsymbol{g}_j \boldsymbol{g}_k = \cdots \tag{4-64}$$

将张量场函数 $\boldsymbol{T}$ 对坐标 x^l 求导，注意到分量与基矢量都是 x^l 的函数。

$$\begin{aligned}
\frac{\partial \boldsymbol{T}}{\partial x^l} =& \frac{\partial}{\partial x^l} \left(T^{ij}_{\cdot\cdot k} \boldsymbol{g}_i \boldsymbol{g}_j \boldsymbol{g}^k \right) \\
=& \frac{\partial T^{ij}_{\cdot\cdot k}}{\partial x^l} \boldsymbol{g}_i \boldsymbol{g}_j \boldsymbol{g}^k + T^{ij}_{\cdot\cdot k} \Gamma^m_{il} \boldsymbol{g}_m \boldsymbol{g}_j \boldsymbol{g}^k + T^{ij}_{\cdot\cdot k} \boldsymbol{g}_i \Gamma^m_{jl} \boldsymbol{g}_m \boldsymbol{g}^k - T^{ij}_{\cdot\cdot k} \boldsymbol{g}_i \boldsymbol{g}_j \Gamma^k_{ml} \boldsymbol{g}^m \\
=& \left(\frac{\partial T^{ij}_{\cdot\cdot k}}{\partial x^l} + T^{mj}_{\cdot\cdot k} \Gamma^i_{ml} + T^{im}_{\cdot\cdot k} \Gamma^j_{ml} - T^{ij}_{\cdot\cdot m} \Gamma^m_{kl} \right) \boldsymbol{g}_i \boldsymbol{g}_j \boldsymbol{g}^k
\end{aligned} \tag{4-65}$$

在导出最后一个等式时，从第二项起逐项更换了哑指标，例如，在第二项中，将哑指标 m 更换为 i，哑指标 i 更换为 m。定义张量 $\boldsymbol{T}$ 的分量 $T^{ij}_{\cdot\cdot k}$ 对坐标的协变导数为

$$T^{ij}_{\cdot\cdot k;l} = \frac{\partial T^{ij}_{\cdot\cdot k}}{\partial x^l} + T^{mj}_{\cdot\cdot k} \Gamma^i_{ml} + T^{im}_{\cdot\cdot k} \Gamma^j_{ml} - T^{ij}_{\cdot\cdot m} \Gamma^m_{kl} \tag{4-66}$$

式中后面三项反映了张量并矢表达式中三个基矢量对坐标的导数，每一项都由张量分量与第二类 Christoffel 符号的乘积构成，确定其指标的规则如下：

(1) 张量的分量指标 i，j，k 按项依次用哑指标 m 取代，如果被取代的是协变指标，则该项变为负号，如被取代的是逆变指标，则不需要变号。

(2) 每项中 Christoffel 符号的指标是先写与张量分量的哑指标 m 成对出现的另一个哑指标 m(如张量分量的哑指标是上标，则 Christoffel 符号的哑指标是下标；或反之)，而另两个指标是自由指标：一是被哑指标 m 取代的那个指标 (i，j 或 k)，另一个是所求导的坐标的指标 l，其上下位置的确定应符合自由指标的规则。

三阶张量其他形式分量的协变导数可以按照上述规则写出，例如：

$$T_{i\cdot\cdot;l}^{\cdot jk}=\frac{\partial T_{i\cdot\cdot}^{\cdot jk}}{\partial x^l}-T_{m\cdot\cdot}^{\cdot jk}\Gamma_{il}^m+T_{i\cdot\cdot}^{\cdot mk}\Gamma_{ml}^j+T_{i\cdot\cdot}^{\cdot jm}\Gamma_{ml}^k \tag{4-67}$$

于是，$\dfrac{\partial \boldsymbol{T}}{\partial x^l}$ 又可以表示为

$$\frac{\partial \boldsymbol{T}}{\partial x^l}=T_{\cdot\cdot k;l}^{ij}\boldsymbol{g}_i\boldsymbol{g}_j\boldsymbol{g}^k=T_{i\cdot\cdot;l}^{\cdot jk}\boldsymbol{g}^i\boldsymbol{g}_j\boldsymbol{g}_k=\cdots \tag{4-68}$$

张量场函数的梯度

$$\boldsymbol{T}\nabla=\frac{\partial \boldsymbol{T}}{\partial x^l}\boldsymbol{g}^l=T_{\cdot\cdot k;l}^{ij}\boldsymbol{g}_i\boldsymbol{g}_j\boldsymbol{g}^k\boldsymbol{g}^l=T_{i\cdot\cdot;l}^{\cdot jk}\boldsymbol{g}^i\boldsymbol{g}_j\boldsymbol{g}_k\boldsymbol{g}^l=\cdots \tag{4-69}$$

或者

$$\nabla\boldsymbol{T}=\boldsymbol{g}^l\frac{\partial \boldsymbol{T}}{\partial x^l}=T_{\cdot\cdot k;l}^{ij}\boldsymbol{g}^l\boldsymbol{g}_i\boldsymbol{g}_j\boldsymbol{g}^k=T_{i\cdot\cdot;l}^{\cdot jk}\boldsymbol{g}^l\boldsymbol{g}^i\boldsymbol{g}_j\boldsymbol{g}_k=\cdots \tag{4-70}$$

上式显示 n 阶张量的各种分量的协变导数是该张量的梯度 (n+1 阶张量) 的各种分量，它们之间应满足指标升降关系：

$$T_{\cdot\cdot;l}^{\cdot jk}=g_{im}g^{kn}T_{\cdot\cdot n;l}^{mj} \tag{4-71}$$

或者写成

$$\left(g_{im}g^{kn}T_{\cdot\cdot n}^{mj}\right)_{;l}=g_{im}g^{kn}T_{\cdot\cdot n;l}^{mj} \tag{4-72}$$

上式再一次说明度量张量分量在求协变导数的运算中，可以没有变化地移出 (入) 协变导数的运算括号之外 (内)。

具体而言，对于应力的运算有

$$\begin{aligned}\frac{\partial \boldsymbol{\sigma}}{\partial x^l}&=\frac{\partial}{\partial x^l}\left(\sigma^{ij}\boldsymbol{g}_i\boldsymbol{g}_j\right)\\&=\frac{\partial\sigma^{ij}}{\partial x^l}\boldsymbol{g}_i\boldsymbol{g}_j+\sigma^{ij}\Gamma_{il}^m\boldsymbol{g}_m\boldsymbol{g}_j+\sigma^{ij}\Gamma_{jl}^m\boldsymbol{g}_i\boldsymbol{g}_m\\&=\left(\frac{\partial\sigma^{ij}}{\partial x^l}+\sigma^{mj}\Gamma_{ml}^i+\sigma^{im}\Gamma_{ml}^j\right)\boldsymbol{g}_i\boldsymbol{g}_j\end{aligned} \tag{4-73}$$

例 2 证明度量张量 $\boldsymbol{G}$ 的任何分量 (协变、逆变、混变) 的协变导数恒为零 (Ricci 引理)。

$$\nabla_i g_{jk}=0,\quad \nabla_i\delta_k^j=0,\quad \nabla_i g^{jk}=0 \tag{4-74}$$

证 在欧几里得 (Euclidean) 空间中，可先选择笛卡儿坐标系，此时

$$g_{jk} = \text{const} = \begin{cases} 0 & (j \neq k) \\ 1 & (j = k) \end{cases} \tag{4-75}$$

故

$$\nabla_i g_{jk} = \frac{\partial g_{jk}}{\partial x^i} - g_{mk}\Gamma_{ij}^m - g_{jm}\Gamma_{ik}^m = 0 \tag{4-76}$$

而 $\nabla_i g_{jk}$ 是三阶张量 $\nabla \boldsymbol{G}$ 的分量，既然 $\nabla \boldsymbol{G}$ 在笛卡儿坐标系中为零，则在 Euclidean 空间其他任何坐标系中均为零。

也可以采取另外方法证明，在 Euclidean 空间中，取笛卡儿坐标系基矢量 $\boldsymbol{i}_1$，$\boldsymbol{i}_2$，$\boldsymbol{i}_3$，则

$$\begin{aligned} \boldsymbol{G} &= g_{jk}\boldsymbol{g}^j\boldsymbol{g}^k = \delta_k^j \boldsymbol{g}_j \boldsymbol{g}^k = g^{jk}\boldsymbol{g}_j\boldsymbol{g}_k \\ &= \boldsymbol{i}_1\boldsymbol{i}_1 + \boldsymbol{i}_2\boldsymbol{i}_2 + \boldsymbol{i}_3\boldsymbol{i}_3 \end{aligned} \tag{4-77}$$

在空间中的每一个点，选择不同的坐标系，度量张量 $\boldsymbol{G}$ 的分量可能改变，但张量实体是不变的。而在笛卡儿坐标系中，张量实体 $\boldsymbol{G}$ 不随空间各点的位置 (即坐标值) 而变化，为常张量，对于任意矢径 $\boldsymbol{r}$ 的增量 $\mathrm{d}\boldsymbol{r}$，$\boldsymbol{G}$ 的增量均为零

$$\mathrm{d}\boldsymbol{G} = \mathrm{d}\boldsymbol{r} \cdot (\nabla \boldsymbol{G}) = \mathbf{O} \tag{4-78}$$

由于是 $\mathrm{d}\boldsymbol{r}$ 任意的，故梯度 $\nabla \boldsymbol{G}$ 是零张量，即

$$\nabla \boldsymbol{G} = \mathbf{O} \tag{4-79}$$

而在任意曲线坐标系中，度量张量 $\boldsymbol{G}$ 的梯度的并矢式为

$$\nabla \boldsymbol{G} = \nabla_i g_{jk}\boldsymbol{g}^i\boldsymbol{g}^j\boldsymbol{g}^k = \nabla_i \delta_k^j \boldsymbol{g}^i\boldsymbol{g}_j\boldsymbol{g}^k = \nabla_i g^{jk}\boldsymbol{g}^i\boldsymbol{g}_j\boldsymbol{g}_k \tag{4-80}$$

零张量在任意坐标系中的分量均应为零，故

$$\nabla_i g_{jk} = \nabla_i \delta_k^j = \nabla_i g^{jk} = 0 \tag{4-81}$$

类似地，也可以证明：置换张量 $\in$ 的分量的协变导数恒为零。

$$\nabla_l \in^{ijk} = 0, \quad \nabla_l \in_{ijk} = 0 \tag{4-82}$$

上式对于 Euclidean 空间，可取笛卡儿坐标系，此时 $\in^{ijk}=0$ 或 ± 1，故 $\nabla_l \in^{ijk} = 0$，又因 $\nabla_l \in^{ijk}$ 是张量 $\nabla \in$ 的分量，所以对于任意坐标系 $\nabla_l \in^{ijk} = 0$。

4.4 张量场函数的散度与旋度

对于阶数等于或高于一阶的张量场函数，可以定义张量场的散度和旋度。设任意阶张量场函数的并矢式为

$$\boldsymbol{T} = T_{i\cdots\cdots\bullet}^{\bullet j\cdots kl}\boldsymbol{g}^i\boldsymbol{g}_j\cdots\boldsymbol{g}_k\boldsymbol{g}_l = T_{\bullet\cdots\cdots l}^{ij\cdots k}\boldsymbol{g}_i\boldsymbol{g}_j\cdots\boldsymbol{g}_k\boldsymbol{g}^l = \cdots \tag{4-83}$$

定义 $\boldsymbol{T}$ 的散度为

$$\begin{aligned}\boldsymbol{T}\cdot\nabla =& \frac{\partial\boldsymbol{T}}{\partial x^s}\cdot\boldsymbol{g}^s = T_{i\cdots\cdots\bullet;s}^{\bullet j\cdots kl}\boldsymbol{g}^i\boldsymbol{g}_j\cdots\boldsymbol{g}_k\boldsymbol{g}_l\cdot\boldsymbol{g}^s\\ =& T_{i\cdots\cdots\bullet;l}^{\bullet j\cdots kl}\boldsymbol{g}^i\boldsymbol{g}_j\cdots\boldsymbol{g}_k\end{aligned} \tag{4-84}$$

或

$$\begin{aligned}\nabla\cdot\boldsymbol{T} =& \boldsymbol{g}^s\cdot\frac{\partial\boldsymbol{T}}{\partial x^s} = \nabla_s T_{\bullet\cdots\cdots l}^{ij\cdots k}\boldsymbol{g}^s\cdot\boldsymbol{g}_i\boldsymbol{g}_j\cdots\boldsymbol{g}_k\boldsymbol{g}^l\\ =& \nabla_i T_{\bullet\cdots\cdots l}^{ij\cdots k}\boldsymbol{g}_j\cdots\boldsymbol{g}_k\boldsymbol{g}^l\end{aligned} \tag{4-85}$$

显然，张量场函数 $\boldsymbol{T}$ 的散度是一个比 $\boldsymbol{T}$ 低一阶的张量场，且一般说来

$$\boldsymbol{T}\cdot\nabla \neq \nabla\cdot\boldsymbol{T} \tag{4-86}$$

例如，对于二阶张量场函数 $\boldsymbol{S}$

$$\boldsymbol{S}\cdot\nabla = \frac{\partial\boldsymbol{S}}{\partial x^l}\cdot\boldsymbol{g}^l = S_{;j}^{ij}\boldsymbol{g}_i \tag{4-87}$$

$$\nabla\cdot\boldsymbol{S} = \boldsymbol{g}^l\cdot\frac{\partial\boldsymbol{S}}{\partial x^l} = \nabla_i S^{ij}\boldsymbol{g}_j \tag{4-88}$$

当 $\boldsymbol{S}$ 为二阶对称张量场函数时，由于

$$S^{ij} = S^{ji} \tag{4-89}$$

此时

$$\boldsymbol{S}\cdot\nabla = \nabla\cdot\boldsymbol{S} \tag{4-90}$$

对于矢量场函数 $\boldsymbol{F}$，其散度记作

$$\mathrm{div}\boldsymbol{F} = \boldsymbol{F}\cdot\nabla = \frac{\partial\boldsymbol{F}}{\partial x^j}\cdot\boldsymbol{g}^j = F_{;i}^i \tag{4-91}$$

也可以写作

$$\mathrm{div}\boldsymbol{F} = \nabla \cdot \boldsymbol{F} = \nabla_i F^i \tag{4-92}$$

显然，对于矢量场 $\boldsymbol{F}$

$$\mathrm{div}\boldsymbol{F} = \boldsymbol{F} \cdot \nabla = \nabla \cdot \boldsymbol{F} \tag{4-93}$$

因此

$$\begin{aligned}\mathrm{div}\boldsymbol{F} =& \nabla_i F^i = \frac{\partial F^i}{\partial x^i} + F^m \Gamma^i_{im} \\ =& \frac{\partial F^i}{\partial x^i} + F^m \frac{1}{\sqrt{g}} \frac{\partial \sqrt{g}}{\partial x^m} = \frac{1}{\sqrt{g}} \frac{\partial \left(\sqrt{g} F^m\right)}{\partial x^m}\end{aligned} \tag{4-94}$$

散度 $\mathrm{div}\boldsymbol{F}$ 的物理意义可以描述为：若 $\boldsymbol{F}$ 是流体的速度场 $\boldsymbol{v}$，则散度 $\mathrm{div}\boldsymbol{F}$ 就是单位体积流出的流量 (单位时间)$\mathrm{div}\boldsymbol{v}$，$\mathrm{div}\,(\rho\boldsymbol{F})$ 为单位体积流出的质量 (ρ 为流体的质量密度)。

很显然，在直线坐标系中，张量分量的协变导数等于普通偏导数，此时

$$\boldsymbol{T} \cdot \nabla = T_{i\bullet\cdots\bullet,l}^{\bullet j\cdots kl} \boldsymbol{g}^i \boldsymbol{g}_j \cdots \boldsymbol{g}_k \tag{4-95}$$

$$\nabla \cdot \boldsymbol{T} = \partial_i T^{ij\cdots k}_{\bullet\bullet\cdots\cdots l} \boldsymbol{g}_j \cdots \boldsymbol{g}_k \boldsymbol{g}^l \tag{4-96}$$

定义任意阶张量场函数 $\boldsymbol{T}$ 的旋度

$$\begin{aligned}\nabla \times \boldsymbol{T} =& \boldsymbol{g}^s \times \frac{\partial \boldsymbol{T}}{\partial x^s} = \boldsymbol{g}^s \times \left(\nabla_s T_{i\cdots\cdots\bullet\bullet}^{\bullet j\cdots kl} \boldsymbol{g}^i \boldsymbol{g}_j \cdots \boldsymbol{g}_k \boldsymbol{g}_l\right) \\ =& \in^{sim} \left(\nabla_s T_{i\cdots\cdots\bullet\bullet}^{\bullet j\cdots kl} \boldsymbol{g}_m \boldsymbol{g}_j \cdots \boldsymbol{g}_k \boldsymbol{g}_l\right)\end{aligned} \tag{4-97}$$

或者

$$\begin{aligned}\boldsymbol{T} \times \nabla =& \frac{\partial \boldsymbol{T}}{\partial x^s} \times \boldsymbol{g}^s = T^{ij\cdots k}_{\bullet\bullet\cdots\cdots\bullet l;s} \boldsymbol{g}_i \boldsymbol{g}_j \cdots \boldsymbol{g}_k \boldsymbol{g}^l \times \boldsymbol{g}^s \\ =& T^{ij\cdots k}_{\bullet\bullet\cdots\cdots\bullet l;s} \in^{lsm} \boldsymbol{g}_i \boldsymbol{g}_j \cdots \boldsymbol{g}_k \boldsymbol{g}_m\end{aligned} \tag{4-98}$$

上两式也可以分别写作

$$\nabla \times \boldsymbol{T} = \in : (\nabla \boldsymbol{T}) \tag{4-99}$$

$$\boldsymbol{T} \times \nabla = (\boldsymbol{T} \nabla) : \in \tag{4-100}$$

对于矢量场函数 $\boldsymbol{F}$，其旋度

$$
\begin{aligned}
\mathrm{curl}\boldsymbol{F} =&\nabla \times \boldsymbol{F} = \nabla_i F_j \boldsymbol{g}^i \times \boldsymbol{g}^j = \in^{ijk} \nabla_i F_j \boldsymbol{g}_k \\
=&\frac{1}{\sqrt{g}} \begin{vmatrix} \boldsymbol{g}_1 & \boldsymbol{g}_2 & \boldsymbol{g}_3 \\ \nabla_1 & \nabla_2 & \nabla_3 \\ F_1 & F_2 & F_3 \end{vmatrix}
\end{aligned} \tag{4-101}
$$

上式可以进一步简化如下

$$
\begin{aligned}
\in^{ijk} \nabla_i F_j &= \in^{ijk} \left(\partial_i F_j - F_m \Gamma_{ij}^m\right) \\
&= \in^{ijk} \partial_i F_j - F_m \in^{ijk} \Gamma_{ij}^m
\end{aligned} \tag{4-102}
$$

由于 $\in^{ijk}$ 关于指标 i, j 反对称，Γ_{ij}^m 关于指标 i, j 对称，故上式中第二项应为零，则

$$
\mathrm{curl}\boldsymbol{F} = \nabla \times \boldsymbol{F} = \in^{ijk} \partial_i F_j \boldsymbol{g}_k = \frac{1}{\sqrt{g}} \begin{vmatrix} \boldsymbol{g}_1 & \boldsymbol{g}_2 & \boldsymbol{g}_3 \\ \partial_1 & \partial_2 & \partial_3 \\ F_1 & F_2 & F_3 \end{vmatrix} \tag{4-103}
$$

此外，还可以定义 Laplace 算子

$$
\begin{aligned}
\nabla^2 \boldsymbol{T} =&\nabla \cdot \nabla \boldsymbol{T} = \boldsymbol{g}^r \cdot \frac{\partial}{\partial x^r}\left(\boldsymbol{g}^s \frac{\partial}{\partial x^s} \boldsymbol{T}\right) \\
=&\boldsymbol{g}^r \cdot \frac{\partial}{\partial x^r}\left(\nabla_s T_{\cdots l}^{ij\cdots k} \boldsymbol{g}^s \boldsymbol{g}_i \boldsymbol{g}_j \cdots \boldsymbol{g}_k \boldsymbol{g}^l\right) \\
=&\boldsymbol{g}^r \cdot \left(\nabla_r \nabla_s T_{\cdots l}^{ij\cdots k} \boldsymbol{g}^s \boldsymbol{g}_i \boldsymbol{g}_j \cdots \boldsymbol{g}_k \boldsymbol{g}^l\right) \\
=&g^{rs} \nabla_r \nabla_s T_{\cdots l}^{ij\cdots k} \boldsymbol{g}_i \boldsymbol{g}_j \cdots \boldsymbol{g}_k \boldsymbol{g}^l \\
=&\nabla^s \nabla_s T_{\cdots l}^{ij\cdots k} \boldsymbol{g}_i \boldsymbol{g}_j \cdots \boldsymbol{g}_k \boldsymbol{g}^l \\
=&g^{rs} T_{\cdots l;sr}^{ij\cdots k} \boldsymbol{g}_i \boldsymbol{g}_j \cdots \boldsymbol{g}_k \boldsymbol{g}^l
\end{aligned} \tag{4-104}
$$

式中

$$
\nabla_r \nabla_s T_{\bullet\cdots\cdots\bullet l}^{ij\cdots k} = \left(T_{\bullet\cdots\cdots\bullet l;s}^{ij\cdots k}\right)_{;r} = T_{\bullet\cdots\cdots\bullet l;sr}^{ij\cdots k} \tag{4-105}
$$

称为张量分量 $T_{\bullet\cdots\cdots\bullet l}^{ij\cdots k}$ 的二阶协变导数。

4.5 非完整系

1. 非完整系

具有一定物理意义的张量，在任意曲线坐标系中的分量并不一定具有原来的

物理量的量纲，因而给直接的物理解释带来不便。因此需要把这种张量分量转换成便于在分析物理问题时使用的物理分量，并给出其运算规则。

例如，协变基矢量 $\boldsymbol{g}_i$ 由矢径 $\boldsymbol{r}$ 对坐标 x^i 的偏导数唯一确定，即

$$\boldsymbol{g}_i = \frac{\partial \boldsymbol{r}}{\partial x^i} \tag{4-106}$$

逆变基矢量 $\boldsymbol{g}^j$ 则由对偶关系唯一确定，即

$$\boldsymbol{g}_i \cdot \boldsymbol{g}^j = \delta_i^j \tag{4-107}$$

这种由坐标确定的基矢量称为自然基矢量，它们构成了完整系。在完整系中，张量的许多运算规则都可以看作通常数量运算规则的某种推广，所以它是张量分析中最基本的参考系。但在应用中，它也有不便之处。

由此可见，在具体应用中，矢径 $\boldsymbol{r}$ 具有长度量纲，而分母中的任意曲线坐标 $\boldsymbol{x}^i$ 不一定具有长度量纲，且 $|\boldsymbol{g}_i| = \left|\dfrac{\partial \boldsymbol{r}}{\partial x^i}\right|$ 不一定等于 1，所以自然基矢量 $\boldsymbol{g}_i$ 不一定是无量纲的单位矢量。如果把具有物理意义的矢量或张量对自然基矢量分解，则所得分量不一定具有原物理量纲。以圆柱坐标系为例，坐标 $x^1 = r$ 和 $x^3 = z$ 为长度量纲，且模 $|\boldsymbol{g}_1| = |\boldsymbol{g}_3| = 1$，因而 $\boldsymbol{g}_1$ 和 $\boldsymbol{g}_3$ 是无量纲单位矢量；但坐标 $x^2 = \theta$ 是无量纲的，且 $|\boldsymbol{g}_2| = r$，因而 $\boldsymbol{g}_2$ 具有长度量纲，且大小随点的位置而不同。如果把力矢量 $\boldsymbol{P}$ 对 $\boldsymbol{g}_1$，$\boldsymbol{g}_2$，$\boldsymbol{g}_3$ 分解，分量的量纲将等于原物理量纲除以相应基矢量的量纲，所以分量 P^1，P^3 仍具有力的量纲 $[F]$；但分量 P^2 的量纲为 $([F/L])([L]$ 表示长度量纲)，且 P^2 的大小要比力 $\boldsymbol{P}$ 在 $\boldsymbol{g}_2$ 方向上的物理分量缩小 r 倍。

显然量纲不统一对分析物理问题是很不方便的，为此引进另一组协变基矢量 $\boldsymbol{g}_{(i)}$，只要求它们满足如下两个条件：

(1) $\boldsymbol{g}_{(i)}$ 互相不共面。

(2) 与自然基矢量 $\boldsymbol{g}_j$ 具有线性变换关系

$$\boldsymbol{g}_{(i)} = \beta_{(i)}^j \boldsymbol{g}_j \tag{4-108}$$

在保证条件 (1) 的前提下，上式中的 9 个转换系数 $\beta_{(i)}^j$ 可以根据物理分析更为方便的原则任意选择。

相应地，由对偶关系

$$\boldsymbol{g}_{(i)} \cdot \boldsymbol{g}^{(j)} = \delta_i^j \tag{4-109}$$

再引进一组逆变基矢量 $\boldsymbol{g}^{(j)}$，它和完整系逆变基矢量的转换关系是

$$\boldsymbol{g}^{(i)} = \beta_j^{(i)} \boldsymbol{g}^j \tag{4-110}$$

则转换系数 $\beta_{(i)}^j$ 和 $\beta_j^{(i)}$ 之间满足如下互逆关系

$$\beta_{(i)}^j \beta_j^{(k)} = \delta_i^k, \quad \beta_i^{(k)} \beta_{(k)}^j = \delta_i^j \tag{4-111}$$

一般地，基矢量 $\boldsymbol{g}_{(i)}$ 并不是自然基矢量，即并不存在能唯一确定 $\boldsymbol{g}_{(i)}$ 的新曲线坐标 $x^{(i)}$。这种只有基矢量而不存在相应曲线坐标的参考系称为非完整系。基矢量 $\boldsymbol{g}_{(i)}$ 和 $\boldsymbol{g}^{(j)}$ 分别称为非完整系的协变基矢量和逆变基矢量。为了区别于完整系，相应于非完整系的指标一律加圆括号。

完整系基矢量用非完整系基矢量表示的转换关系为

$$\boldsymbol{g}^k = \beta_{(i)}^k \boldsymbol{g}^{(i)} \tag{4-112}$$

$$\boldsymbol{g}_k = \beta_k^{(i)} \boldsymbol{g}_{(i)} \tag{4-113}$$

非完整系度量张量协、逆变分量的定义为

$$g_{(i)(j)} = \boldsymbol{g}_{(i)} \cdot \boldsymbol{g}_{(j)}, \quad g^{(i)(j)} = \boldsymbol{g}^{(i)} \cdot \boldsymbol{g}^{(j)} \tag{4-114}$$

相应度量张量协变分量的行列式为

$$g(\ ) = \begin{vmatrix} g_{(1)(1)} & g_{(1)(2)} & g_{(1)(3)} \\ g_{(2)(1)} & g_{(2)(2)} & g_{(2)(3)} \\ g_{(3)(1)} & g_{(3)(2)} & g_{(3)(3)} \end{vmatrix} = \begin{bmatrix} \boldsymbol{g}_{(1)} & \boldsymbol{g}_{(2)} & \boldsymbol{g}_{(3)} \end{bmatrix}^2 \tag{4-115}$$

利用度量张量可对基矢量进行指标升降，即

$$\boldsymbol{g}^{(i)} = g^{(i)(j)} \boldsymbol{g}_{(j)} \tag{4-116}$$

$$\boldsymbol{g}_{(k)} = g_{(k)(i)} \boldsymbol{g}^{(i)} \tag{4-117}$$

非完整系与完整系度量张量分量的转换关系为

$$g_{(i)(j)} = \beta_{(i)}^k \beta_{(j)}^l g_{kl} \tag{4-118}$$

$$g^{(i)(j)} = \beta_k^{(i)} \beta_l^{(j)} g^{kl} \tag{4-119}$$

度量张量的并矢形式仍保持对于坐标的不变性，即

$$\begin{aligned}\boldsymbol{G} &= g_{ij}\boldsymbol{g}^i\boldsymbol{g}^j \\ &= g^{ij}\boldsymbol{g}_i\boldsymbol{g}_j \\ &= g_{(i)(j)}\boldsymbol{g}^{(i)}\boldsymbol{g}^{(j)} \\ &= g^{(i)(j)}\boldsymbol{g}_{(i)}\boldsymbol{g}_{(j)}\end{aligned} \tag{4-120}$$

利用这些规则，对于某一速度矢量 $\boldsymbol{v}$，其分解式为

$$\boldsymbol{v} = v^i\boldsymbol{g}_i = v_i\boldsymbol{g}^i = v^{(i)}\boldsymbol{g}_{(i)} = v_{(i)}\boldsymbol{g}^{(i)} \tag{4-121}$$

$\boldsymbol{v}$ 的分量的指标升降关系为

$$v_{(i)} = g_{(i)(j)}v^{(j)} \tag{4-122}$$

$$v^{(i)} = g^{(i)(j)}v_{(j)} \tag{4-123}$$

完整系与非完整系中分量的转换关系为

$$v^{(i)} = \beta_j^{(i)}v^j \tag{4-124}$$

$$v_{(i)} = \beta_{(i)}^j v_j \tag{4-125}$$

$$v^i = \beta_{(j)}^i v^{(j)} \tag{4-126}$$

$$v_i = \beta_i^{(j)} v_{(j)} \tag{4-127}$$

对于张量 $\boldsymbol{T}$，其并矢表达式为

$$\begin{aligned}\boldsymbol{T} &= T^{ij}_{\cdot\cdot kl}\boldsymbol{g}_i\boldsymbol{g}_j\boldsymbol{g}^k\boldsymbol{g}^l = \cdots \\ &= T^{(a)(b)}_{\cdot\cdot\ \ (c)(d)}\boldsymbol{g}_{(a)}\boldsymbol{g}_{(b)}\boldsymbol{g}^{(c)}\boldsymbol{g}^{(d)} = \cdots\end{aligned} \tag{4-128}$$

完整系与非完整系中分量的转换关系为

$$\begin{aligned}T^{(a)(b)}_{\cdot\cdot\ \ (c)(d)} &= \beta_i^{(a)}\beta_j^{(b)}\beta_{(c)}^k\beta_{(d)}^l T^{ij}_{\cdot\cdot kl} \\ T^{ij}_{\cdot\cdot kl} &= \beta_{(a)}^i\beta_{(b)}^j\beta_k^{(c)}\beta_l^{(d)}T^{(a)(b)}_{\cdot\cdot\ \ (c)(d)}\end{aligned} \tag{4-129}$$

应该指出，矢径的微分 $\mathrm{d}\boldsymbol{r}$ 是一个矢量，其并矢式为

$$\mathrm{d}\boldsymbol{r} = \mathrm{d}x^k\boldsymbol{g}_k = \mathrm{d}x^{(a)}\boldsymbol{g}_{(a)} \tag{4-130}$$

但这时并不存在坐标 $x^{(a)}$，所以 $\mathrm{d}x^{(a)}$ 并不表示坐标 $x^{(a)}$ 的微分。它只是由如下转换关系定义的、完整系坐标微分 $\mathrm{d}x^k$ 的一种线性组合。

$$\mathrm{d}x^{(a)} = \beta_k^{(a)} \mathrm{d}x^k \tag{4-131}$$

$$\mathrm{d}x^k = \beta_{(a)}^k \mathrm{d}x^{(a)} \tag{4-132}$$

2. 物理分量

设已知一组任意曲线坐标 x^i 导出的自然基矢量 $\boldsymbol{g}_i = \dfrac{\partial \boldsymbol{r}}{\partial x^i}$。一般说，它们并不是无量纲的单位矢量，也不一定相互正交。为了便于对物理问题进行分析，通常引进另一组非完整系协变基矢量 $\boldsymbol{g}_{(i)}$，它们是和自然基矢量 $\boldsymbol{g}_i$ 同方向的无量纲单位矢量，即令

$$\boldsymbol{g}_{(i)} = \frac{\boldsymbol{g}_i}{\sqrt{g_{\underline{i}\,\underline{i}}}} = \beta_{(i)}^j \boldsymbol{g}_j \quad (\text{对 } i \text{ 不取和}) \tag{4-133}$$

$$\beta_{(i)}^j = \begin{cases} 0 & (j \neq i) \\ 1/\sqrt{g_{\underline{i}\,\underline{i}}} & (j = i) \end{cases} \tag{4-134}$$

其中 $\sqrt{g_{\underline{i}\,\underline{i}}} = \sqrt{\boldsymbol{g}_i \cdot \boldsymbol{g}_i}$ 是自然基矢量 $\boldsymbol{g}_i$ 的模。今后，在两个相同指标下加一横表示不必按求和约定取和。例如，$g_{\underline{i}\,\underline{i}}$ 表示度量张量的第 i 个协变对角分量，而不是三个对角分量之和。

与 $\boldsymbol{g}_{(i)}$ 对偶的逆变基矢量 $\boldsymbol{g}^{(i)}$ 可由对偶关系

$$\boldsymbol{g}_{(i)} \cdot \boldsymbol{g}^{(j)} = \delta_i^j \tag{4-135}$$

得到，则有

$$\boldsymbol{g}^{(i)} = \sqrt{g_{\underline{i}\,\underline{i}}}\, \boldsymbol{g}^i = \beta_j^{(i)} \boldsymbol{g}^j \quad (\text{对 } i \text{ 不取和}) \tag{4-136}$$

$$\beta_j^{(i)} = \begin{cases} 0 & (j \neq i) \\ \sqrt{g_{\underline{i}\,\underline{i}}} & (j = i) \end{cases} \tag{4-137}$$

对于任意曲线坐标系，一般说按上述方法选择的非完整系的协变基矢量 $\boldsymbol{g}_{(i)}$ 是一组互不正交的无量纲单位矢量。逆变基矢量 $\boldsymbol{g}^{(i)}$ 也是无量纲的，但既不正交也不是单位矢量。

对于任意矢量 $\boldsymbol{v}$，其在完整系中的分解式为

$$\boldsymbol{v} = v^i \boldsymbol{g}_i = v_i \boldsymbol{g}^i \tag{4-138}$$

其中分量 v^i 或 v_i 一般不具有该物理量原来的量纲。但如果该矢量对上述非完整系分解

$$\boldsymbol{v} = v^{(i)}\boldsymbol{g}_{(i)} = v_{(i)}\boldsymbol{g}^{(i)} \tag{4-139}$$

则由于 $\boldsymbol{g}_{(i)}$ 和 $\boldsymbol{g}^{(i)}$ 都是无量纲的，分量 $v^{(i)}$ 和 $v_{(i)}$ 均具有矢量 $\boldsymbol{v}$ 原来的物理量纲。如果按物理学中的平行四边形法则，把矢量 $\boldsymbol{v}$ 沿非完整系基矢量 $\boldsymbol{g}_{(i)}$ 和 $\boldsymbol{g}^{(i)}$ 方向分解，则 $\boldsymbol{g}_{(i)}$ 方向分量的大小就等于逆变分量 $v^{(i)}$。而 $\boldsymbol{g}^{(i)}$ 方向分量的大小并不等于协变分量 $v_{(i)}$。因为 $\boldsymbol{g}^{(i)}$ 不是单位矢量，故通常把非完整系逆变分量 $v^{(i)}$ 选作矢量 $\boldsymbol{v}$ 的物理分量。最后可以得到物理分量 $v^{(i)}$ 和完整系分量 v^i 间的转换关系

$$v^{(i)} = \sqrt{g_{\underline{i}\,\underline{i}}}v^i = \sqrt{g_{\underline{i}\,\underline{i}}}g^{ij}v_j$$

$$v^i = \frac{1}{\sqrt{g_{\underline{i}\,\underline{i}}}}v^{(i)} \tag{4-140}$$

对于二阶张量 $\boldsymbol{T}$，其在完整系中可以分解为

$$\boldsymbol{T} = T^{kl}\boldsymbol{g}_k\boldsymbol{g}_l = T_{kl}\boldsymbol{g}^k\boldsymbol{g}^l = T^{k}_{\cdot l}\boldsymbol{g}_k\boldsymbol{g}^l = T_{k}^{\cdot l}\boldsymbol{g}^k\boldsymbol{g}_l \tag{4-141}$$

一般说来上述完整系分量并不具有原物理量纲。如果把同一个张量实体对非完整系分解

$$\boldsymbol{T} = T^{(a)(b)}\boldsymbol{g}_{(a)}\boldsymbol{g}_{(b)} = T_{(a)(b)}\boldsymbol{g}^{(a)}\boldsymbol{g}^{(b)} = T^{(a)}_{\cdot(b)}\boldsymbol{g}_{(a)}\boldsymbol{g}^{(b)} = T_{(a)}^{\cdot(b)}\boldsymbol{g}^{(a)}\boldsymbol{g}_{(b)} \tag{4-142}$$

则上述四种非完整系逆变、协变和混合分量都具有原来的物理量纲。选哪种分量作为物理分量应根据具体物理问题来定。

以应力张量 $\boldsymbol{\sigma}$ 为例。在变形体内任意点处，作用在外法线矢量为 $\boldsymbol{n}$ 的斜截面上的应力矢量 $\boldsymbol{p}$ 与应力张量 $\boldsymbol{\sigma}$ 之间满足张量方程

$$\boldsymbol{p} = \boldsymbol{\sigma}\cdot\boldsymbol{n} \tag{4-143}$$

前面已选定矢量的物理分量为其逆变分量，即

$$\boldsymbol{p} = p^{(a)}\boldsymbol{g}_{(a)} \tag{4-144}$$

$$\boldsymbol{n} = n^{(c)}\boldsymbol{g}_{(c)} \tag{4-145}$$

如果相应地把张量 $\boldsymbol{\sigma}$ 分解成

$$\boldsymbol{\sigma} = \sigma^{(a)}_{\cdot(b)}\boldsymbol{g}_{(a)}\boldsymbol{g}^{(b)} \tag{4-146}$$

则有

$$p^{(a)}\boldsymbol{g}_{(a)} = \sigma^{(a)}_{\cdot(b)}\boldsymbol{g}_{(a)}\boldsymbol{g}^{(b)} \cdot n^{(c)}\boldsymbol{g}_{(c)} = \sigma^{(a)}_{\cdot(b)}n^{(c)}\delta^b_c\boldsymbol{g}_{(a)} = \sigma^{(a)}_{\cdot(b)}n^{(b)}\boldsymbol{g}_{(a)} \tag{4-147}$$

从而可以得到如下物理分量间的关系

$$p^{(a)} = \sigma^{(a)}_{\cdot(b)}n^{(b)} \tag{4-148}$$

它与完整系中的关系式

$$p^k = \sigma^k_{\cdot l}n^l \tag{4-149}$$

完全相似。所以当二阶张量与右边某矢量相点积时，选取混合分量 $T^{(a)}_{\cdot(b)}$ 作为物理分量是比较合理的。

对于二阶张量，物理分量与完整系分量之间的转换关系为

$$T^{(k)}_{\cdot(l)} = \sqrt{\frac{g_{\underline{k}\,\underline{k}}}{g_{\underline{l}\,\underline{l}}}}T^k_{\cdot l} \quad (\text{对 } k,l \text{ 不取和}) \tag{4-150}$$

$$T^k_{\cdot l} = \sqrt{\frac{g_{\underline{l}\,\underline{l}}}{g_{\underline{k}\,\underline{k}}}}T^{(k)}_{(\cdot l)} \quad (\text{对 } k,l \text{ 不取和}) \tag{4-151}$$

对上式求迹 (缩并)，可得

$$T^{(k)}_{\cdot(k)} = T^k_{\cdot k} = J_1 \tag{4-152}$$

即在完整系和非完整系的相互转换过程中，二阶张量的第一不变量保持不变。

在实际应用中，针对不同的物理问题选择不同的物理分量比较合适。例如，若二阶张量 $\boldsymbol{T}$ 与左边的某矢量 $\boldsymbol{n}$ 相点积

$$\boldsymbol{p} = \boldsymbol{n} \cdot \boldsymbol{T} \tag{4-153}$$

相应的分量式为

$$p^{(c)} = n^{(a)}T^{\cdot(c)}_{(a)} \tag{4-154}$$

这时选 $T^{\cdot(c)}_{(a)}$ 物理分量更为方便。为了区别，通常称 $T^{(a)}_{\cdot(b)}$ 为右物理分量，$T^{\cdot(c)}_{(a)}$ 为左物理分量。左、右物理分量间满足指标升降关系

$$T^{(a)}_{\cdot(b)} = g^{(a)(c)}g_{(b)(d)}T^{\cdot(d)}_{(c)} \tag{4-155}$$

再如，设变形后线元的长度为 $\mathrm{d}s$，则

$$\mathrm{d}s^2 = C_{kl}\mathrm{d}x^k\mathrm{d}x^l = \mathrm{d}\boldsymbol{r}\cdot\boldsymbol{C}\cdot\mathrm{d}\boldsymbol{r} \tag{4-156}$$

其中 C_{kl} 称为 Green 变形张量。由于矢量 $\mathrm{d}\boldsymbol{r}$ 的物理分量为 $\mathrm{d}x^{(a)}$，即

$$\mathrm{d}\boldsymbol{r} = \mathrm{d}x^{(a)}\boldsymbol{g}_{(a)} \tag{4-157}$$

$$\mathrm{d}s^2 = C_{(m)(n)}\mathrm{d}x^{(m)}\mathrm{d}x^{(n)} \tag{4-158}$$

与完整系的表达式类似，应选 $C_{(m)(n)}$ 为张量 $\boldsymbol{C}$ 的物理分量，即

$$\boldsymbol{C} = C_{(m)(n)}\boldsymbol{g}^{(m)}\boldsymbol{g}^{(n)} \tag{4-159}$$

高阶张量的物理分量也应根据具体物理问题来选择。一般说，由于矢量的物理分量已选为逆变分量，所以在张量的物理分量中，凡与矢量点积 (缩并) 的指标都应选为下 (协变) 指标。

4.6 正交曲线坐标系中的物理分量

在正交曲线坐标系中，三个协变基矢量 $\boldsymbol{g}_i$ 互相正交，但不一定是单位矢量，其长度可以表示为

$$|\boldsymbol{g}_i| = A_i \tag{4-160}$$

式中 A_i 是 Lamé常数。

度量张量的协变分量为

$$g_{ij} = \begin{cases} 0 & (i \neq j) \\ (A_i)^2 & (i = j) \end{cases} \tag{4-161}$$

三个逆变基矢量 $\boldsymbol{g}^i$ 与相应的协变基矢量 $\boldsymbol{g}_i$ 方向相同。

由对偶关系知

$$\boldsymbol{g}^i = \frac{\boldsymbol{g}_i}{(A_i)^2} \quad (i\ \text{不求和},\ i = 1,2,3) \tag{4-162}$$

度量张量的逆变分量为

$$g^{ij} = \begin{cases} 0 & (i \neq j) \\ 1/(A_i)^2 & (i = j) \end{cases} \tag{4-163}$$

为了便于对物理问题进行分析，引入非完整正交系。非完整系协变基矢量 $\boldsymbol{g}_{(i)}$ 成为一组正交标准化基 $\boldsymbol{e}_i$：

$$\boldsymbol{e}_i = \frac{\boldsymbol{g}_i}{A_i} \quad 或 \quad \boldsymbol{g}_i = A_i \boldsymbol{e}_i \quad (i\ 不求和,\ i = 1, 2, 3) \tag{4-164}$$

而逆变基矢量也是一组相同的正交标准化基

$$\boldsymbol{e}^i = A_i \boldsymbol{g}^i \quad 或 \quad \boldsymbol{g}^i = \frac{\boldsymbol{e}^i}{A_i} \quad (i\ 不求和,\ i = 1, 2, 3) \tag{4-165}$$

在非完整系的正交标准化基中，协变、逆变的差别消失了，指标不需再区分上下。基矢量 $\boldsymbol{e}_i = \boldsymbol{e}^i = \boldsymbol{e}\langle i \rangle$ 是一组沿着正交坐标曲线的切线方向、随点只改变方向而不改变大小的正交单位矢量，即笛卡儿坐标架。

在非完整坐标系中，度量张量的分量

$$g\langle i, j \rangle = \delta_{ij} = \begin{cases} 0 & (i \neq j) \\ 1 & (i = j) \end{cases} \tag{4-166}$$

这组正交标准化基也可以构成非完整系中的各阶基张量，矢量或张量对其分解，得到各阶张量的物理分量。显然，此时也不需要再区分协、逆变分量。如

$$\boldsymbol{v} = v^i \boldsymbol{g}_i = v_i \boldsymbol{g}^i = v\langle i \rangle \boldsymbol{g}\langle i \rangle \tag{4-167}$$

$$\boldsymbol{T} = T^{ij}_{\cdot\cdot kl} \boldsymbol{g}_i \boldsymbol{g}_j \boldsymbol{g}^k \boldsymbol{g}^l = T\langle ijkl \rangle \boldsymbol{e}\langle i \rangle \boldsymbol{e}\langle j \rangle \boldsymbol{e}\langle k \rangle \boldsymbol{e}\langle l \rangle \tag{4-168}$$

从而可知物理分量与完整系中张量分量的关系为

$$v^i = \frac{v\langle i \rangle}{A_i}, \quad v_i = A_i v\langle i \rangle \quad (i\ 不求和,\ i = 1, 2, 3) \tag{4-169}$$

$$T^{ij}_{\cdot\cdot kl} = \frac{A_k A_l}{A_i A_j} T\langle ijkl \rangle \quad (i, j, k, l\ 不求和,\ i, j, k, l = 1, 2, 3) \tag{4-170}$$

在完整系中，通过 Christoffel 符号来表示基矢量对坐标的导数。利用第一、二类 Christoffel 符号与度量张量的关系及正交曲线坐标系中度量张量的特点可以算

得，在正交系中，有

$$
\begin{aligned}
&\Gamma_{ij,k}=0,\quad \Gamma_{ij}^{k}=0\quad (i\neq j\neq k)\\
&\Gamma_{ij,i}=A_i\frac{\partial A_i}{\partial x^j},\quad \Gamma_{ij}^{i}=\frac{1}{A_i}\frac{\partial A_i}{\partial x^j}\quad (i\neq j\text{或}i=j)\\
&\Gamma_{ii,j}=-A_i\frac{\partial A_i}{\partial x^j},\quad \Gamma_{ii}^{j}=-\frac{A_i}{A_j^2}\frac{\partial A_i}{\partial x^j}\quad (i\neq j)
\end{aligned}
\tag{4-171}
$$

在非完整系的张量运算中，最常用到的是正交标准化基 $\boldsymbol{e}\langle i\rangle$ 对坐标的求导公式

$$
\begin{aligned}
\frac{\partial \boldsymbol{e}\langle i\rangle}{\partial x^i}&=\frac{\partial}{\partial x^i}\left(\frac{\boldsymbol{g}_i}{A_i}\right)\\
&=-\frac{1}{A_i^2}\frac{\partial A_i}{\partial x^i}\boldsymbol{g}_i+\sum_{m=1}^{3}\frac{1}{A_i}\Gamma_{ii,m}\boldsymbol{g}^m\\
&=-\frac{1}{A_j}\frac{\partial A_i}{\partial x^j}\boldsymbol{e}\langle j\rangle-\frac{1}{A_k}\frac{\partial A_i}{\partial x^k}\boldsymbol{e}\langle k\rangle\quad (i\neq j\neq k)
\end{aligned}
\tag{4-172}
$$

$$
\begin{aligned}
\frac{\partial \boldsymbol{e}\langle i\rangle}{\partial x^j}&=\frac{\partial}{\partial x^j}\left(\frac{\boldsymbol{g}_i}{A_i}\right)\\
&=-\frac{1}{A_i^2}\frac{\partial A_i}{\partial x^j}\boldsymbol{g}_i+\sum_{m=1}^{3}\frac{1}{A_i}\Gamma_{ij,m}\boldsymbol{g}^m\\
&=-\frac{1}{A_i}\frac{\partial A_i}{\partial x^j}\boldsymbol{e}\langle i\rangle+\frac{\partial A_i}{\partial x^j}\boldsymbol{g}^i+\frac{A_j\partial A_j}{A_i\partial x^i}\boldsymbol{g}^j\\
&=\frac{1}{A_i}\frac{\partial A_j}{\partial x^i}\boldsymbol{e}\langle j\rangle\quad (i\neq j)
\end{aligned}
\tag{4-173}
$$

上述表达式可以写成

$$
\left\{
\begin{aligned}
\frac{\partial \boldsymbol{e}\langle 1\rangle}{\partial x^1}&=-\frac{\partial A_1}{A_2\partial x^2}\boldsymbol{e}\langle 2\rangle-\frac{\partial A_1}{A_3\partial x^3}\boldsymbol{e}\langle 3\rangle\\
\frac{\partial \boldsymbol{e}\langle 1\rangle}{\partial x^2}&=\frac{\partial A_2}{A_1\partial x^1}\boldsymbol{e}\langle 2\rangle\\
\frac{\partial \boldsymbol{e}\langle 1\rangle}{\partial x^3}&=\frac{\partial A_3}{A_1\partial x^1}\boldsymbol{e}\langle 3\rangle
\end{aligned}
\right.
\tag{4-174}
$$

$$
\left\{
\begin{aligned}
\frac{\partial \boldsymbol{e}\langle 2\rangle}{\partial x^1}&=\frac{\partial A_1}{A_2\partial x^2}\boldsymbol{e}\langle 1\rangle\\
\frac{\partial \boldsymbol{e}\langle 2\rangle}{\partial x^2}&=-\frac{\partial A_2}{A_1\partial x^1}\boldsymbol{e}\langle 1\rangle-\frac{\partial A_2}{A_3\partial x^3}\boldsymbol{e}\langle 3\rangle\\
\frac{\partial \boldsymbol{e}\langle 2\rangle}{\partial x^3}&=\frac{\partial A_3}{A_2\partial x^2}\boldsymbol{e}\langle 3\rangle
\end{aligned}
\right.
\tag{4-175}
$$

$$\begin{cases} \dfrac{\partial \boldsymbol{e}\langle 3\rangle}{\partial x^1} = \dfrac{\partial A_1}{A_3 \partial x^3}\boldsymbol{e}\langle 1\rangle \\ \dfrac{\partial \boldsymbol{e}\langle 3\rangle}{\partial x^2} = \dfrac{\partial A_2}{A_3 \partial x^3}\boldsymbol{e}\langle 2\rangle \\ \dfrac{\partial \boldsymbol{e}\langle 3\rangle}{\partial x^3} = -\dfrac{\partial A_3}{A_1 \partial x^1}\boldsymbol{e}\langle 1\rangle - \dfrac{\partial A_3}{A_2 \partial x^2}\boldsymbol{e}\langle 2\rangle \end{cases} \tag{4-176}$$

对于常用的坐标系，如圆柱坐标系，其正交标准化基矢量的求导公式如下：

$$\frac{\partial \boldsymbol{e}_r}{\partial r} = 0, \quad \frac{\partial \boldsymbol{e}_r}{\partial \theta} = \boldsymbol{e}_\theta, \quad \frac{\partial \boldsymbol{e}_r}{\partial z} = 0 \tag{4-177}$$

$$\frac{\partial \boldsymbol{e}_\theta}{\partial r} = 0, \quad \frac{\partial \boldsymbol{e}_\theta}{\partial \theta} = -\boldsymbol{e}_r, \quad \frac{\partial \boldsymbol{e}_\theta}{\partial z} = 0 \tag{4-178}$$

$$\frac{\partial \boldsymbol{e}_z}{\partial r} = 0, \quad \frac{\partial \boldsymbol{e}_z}{\partial \theta} = 0, \quad \frac{\partial \boldsymbol{e}_z}{\partial z} = 0 \tag{4-179}$$

球坐标系中正交标准化基矢量的求导公式如下：

$$\frac{\partial \boldsymbol{e}_r}{\partial r} = 0, \quad \frac{\partial \boldsymbol{e}_r}{\partial \theta} = \boldsymbol{e}_\theta, \quad \frac{\partial \boldsymbol{e}_r}{\partial \varphi} = \boldsymbol{e}_\theta \sin\theta \tag{4-180}$$

$$\frac{\partial \boldsymbol{e}_\theta}{\partial r} = 0, \quad \frac{\partial \boldsymbol{e}_\theta}{\partial \theta} = -\boldsymbol{e}_r, \quad \frac{\partial \boldsymbol{e}_\theta}{\partial \varphi} = \boldsymbol{e}_\varphi \cos\theta \tag{4-181}$$

$$\frac{\partial \boldsymbol{e}_\varphi}{\partial r} = 0, \quad \frac{\partial \boldsymbol{e}_\varphi}{\partial \theta} = 0, \quad \frac{\partial \boldsymbol{e}_\varphi}{\partial \varphi} = -\boldsymbol{e}_r \sin\theta - \boldsymbol{e}_\theta \cos\theta \tag{4-182}$$

例 3 已知矢量场函数 $\boldsymbol{v}$，求 div$\boldsymbol{v}$ 与 curl$\boldsymbol{v}$。

解

$$\begin{aligned} \text{div}\boldsymbol{v} &= \frac{1}{\sqrt{g}}\frac{\partial}{\partial x^i}\left(\sqrt{g}v^i\right) \\ &= \sum_{i=1}^{3}\frac{1}{\sqrt{g}}\frac{\partial}{\partial x^i}\left(\frac{\sqrt{g}}{A_i}v\langle i\rangle\right) \\ &= \sum_{i=1}^{3}\frac{1}{A_1A_2A_3}\frac{\partial}{\partial x^i}\left(\frac{A_1A_2A_3}{A_i}v\langle i\rangle\right) \end{aligned} \tag{4-183}$$

$$\begin{aligned} \text{curl}\boldsymbol{v} &= \frac{1}{\sqrt{g}}\begin{vmatrix} \boldsymbol{g}_1 & \boldsymbol{g}_2 & \boldsymbol{g}_3 \\ \partial_1 & \partial_2 & \partial_3 \\ v_1 & v_2 & v_3 \end{vmatrix} \\ &= \frac{1}{A_1A_2A_3}\begin{vmatrix} A_1\boldsymbol{e}_1 & A_2\boldsymbol{e}_2 & A_3\boldsymbol{e}_3 \\ \partial_1 & \partial_2 & \partial_3 \\ A_1v\langle 1\rangle & A_2v\langle 2\rangle & A_3v\langle 3\rangle \end{vmatrix} \end{aligned} \tag{4-184}$$

如果将标量场函数的梯度 $\nabla\varphi$ 看作矢量 $\boldsymbol{v}$，则还可得到

$$\nabla^2\varphi = \nabla\cdot\nabla\varphi \tag{4-185}$$

$$= \frac{1}{\sqrt{g}}\frac{\partial}{\partial x^i}\left(\sqrt{g}g^{ij}\frac{\partial\varphi}{\partial x^j}\right) \tag{4-186}$$

$$= \frac{1}{A_1A_2A_3}\sum_{i=1}^{3}\frac{\partial}{\partial x^i}\left(\frac{A_1A_2A_3}{A_i^2}\frac{\partial\varphi}{\partial x^i}\right) \tag{4-187}$$

例 4 推导正交曲线坐标系中弹性力学的动力学方程。

解 从完整系中的张量分量形式出发，在完整系中仍采用求和约定，非完整系中取消求和约定。

$$\sigma_{i;j}^{\cdot j} + \rho f_i = \rho w_i \quad (i=1,\ 2,\ 3) \tag{4-188}$$

其中

$$\begin{aligned}\sigma_{i;j}^{\cdot j} &= \sigma_{i,j}^{\cdot j} - \sigma_{m}^{\cdot j}\Gamma_{ij}^{m}\\ &= \frac{\partial\left(\sqrt{g}\sigma_{i}^{\cdot j}\right)}{\sqrt{g}\partial x^j} - \sigma_{m}^{\cdot j}\Gamma_{ij}^{m} \quad \text{(以下取消求和约定)}\\ &= \sum_{j=1}^{3}\frac{1}{A_1A_2A_3}\frac{\partial}{\partial x^j}\left(\frac{A_1A_2A_3A_i}{A_j}\sigma\langle ij\rangle\right) - \sum_{m,j=1}^{3}\frac{A_m}{A_j}\sigma\langle mj\rangle\Gamma_{ij}^{m}\end{aligned} \tag{4-189}$$

最后可得到

$$\begin{aligned}&\frac{1}{A_1A_2A_3}\sum_{j=1}^{3}\frac{\partial}{\partial x^j}\left(\frac{A_1A_2A_3}{A_j}\sigma\langle ij\rangle\right) + \sum_{j\neq i,j=1}^{3}\frac{1}{A_iA_j}\left(\frac{\partial A_i}{\partial x^j}\sigma\langle ij\rangle\right)\\ &- \sum_{j\neq i,j=1}^{3}\frac{1}{A_iA_j}\frac{\partial A_j}{\partial x^i}\sigma\langle jj\rangle + \rho f\langle i\rangle = \rho w\langle i\rangle \quad (i=1,\ 2,\ 3)\end{aligned} \tag{4-190}$$

例 5 推导正交曲线坐标系中小应变张量的物理分量与位移矢量的物理分量的几何关系。

解 从实体形式出发，则

$$\boldsymbol{\varepsilon} = \sum_{i,j=1}^{3}\boldsymbol{\varepsilon}\langle i,j\rangle\boldsymbol{e}_i\boldsymbol{e}_j$$

$$
\begin{aligned}
&=\frac{1}{2}(\boldsymbol{u}\nabla+\nabla\boldsymbol{u})\\
&=\sum_{i,j=1}^{3}\frac{1}{2}\left[\boldsymbol{g}^{i}\frac{\partial\boldsymbol{u}}{\partial x^{i}}+\frac{\partial\boldsymbol{u}}{\partial x^{i}}\boldsymbol{g}^{j}\right]\\
&=\frac{1}{2}\sum_{i,j=1}^{3}\left[\frac{\boldsymbol{e}_i}{A_i}\frac{\partial}{\partial x^{i}}(u\langle j\rangle\boldsymbol{e}\langle j\rangle)+\frac{\partial}{\partial x^{j}}(u\langle i\rangle\boldsymbol{e}\langle i\rangle)\frac{\boldsymbol{e}_j}{A_j}\right]\\
&=\frac{1}{2}\sum_{i,j=1}^{3}\left[\left(\frac{1}{A_i}\frac{\partial u\langle j\rangle}{\partial x^{i}}+\frac{1}{A_j}\frac{\partial u\langle i\rangle}{\partial x^{j}}\right)\boldsymbol{e}_i\boldsymbol{e}_j\right.\\
&\qquad\left.+\frac{u\langle j\rangle}{A_i}\boldsymbol{e}_i\frac{\partial\boldsymbol{e}_j}{\partial x^{j}}+\frac{u\langle i\rangle}{A_j}\frac{\partial\boldsymbol{e}_i}{\partial x^{j}}\boldsymbol{e}_j\right]
\end{aligned}
\tag{4-191}
$$

分别取 $\boldsymbol{\varepsilon}\langle i,j\rangle\,(i=1,\ 2;\ 3;j=1,\ 2,\ 3)$ 的各分量，得到正交曲线坐标系中物理分量表达的几何关系如下：

$$
\begin{aligned}
\varepsilon\langle 11\rangle&=\frac{1}{A_1}\frac{\partial u\langle 1\rangle}{\partial x^{1}}+\frac{1}{A_1A_2}\frac{\partial A_1}{\partial x^{2}}u\langle 2\rangle+\frac{1}{A_1A_3}\frac{\partial A_1}{\partial x^{3}}u\langle 3\rangle\\
\varepsilon\langle 22\rangle&=\frac{1}{A_2}\frac{\partial u\langle 2\rangle}{\partial x^{2}}+\frac{1}{A_2A_1}\frac{\partial A_2}{\partial x^{1}}u\langle 1\rangle+\frac{1}{A_2A_3}\frac{\partial A_2}{\partial x^{3}}u\langle 3\rangle\\
\varepsilon\langle 33\rangle&=\frac{1}{A_3}\frac{\partial u\langle 3\rangle}{\partial x^{3}}+\frac{1}{A_3A_1}\frac{\partial A_3}{\partial x^{1}}u\langle 1\rangle+\frac{1}{A_3A_2}\frac{\partial A_3}{\partial x^{2}}u\langle 2\rangle\\
\varepsilon\langle 12\rangle&=\frac{1}{2}\left\{\frac{1}{A_1}\frac{\partial u\langle 2\rangle}{\partial x^{1}}+\frac{1}{A_2}\frac{\partial u\langle 1\rangle}{\partial x^{2}}-\frac{u\langle 1\rangle}{A_1A_2}\frac{\partial A_1}{\partial x^{2}}-\frac{u\langle 2\rangle}{A_2A_1}\frac{\partial A_2}{\partial x^{1}}\right\}\\
\varepsilon\langle 23\rangle&=\frac{1}{2}\left\{\frac{1}{A_2}\frac{\partial u\langle 3\rangle}{\partial x^{2}}+\frac{1}{A_3}\frac{\partial u\langle 2\rangle}{\partial x^{3}}-\frac{u\langle 2\rangle}{A_2A_3}\frac{\partial A_2}{\partial x^{3}}-\frac{u\langle 3\rangle}{A_3A_2}\frac{\partial A_3}{\partial x^{2}}\right\}\\
\varepsilon\langle 31\rangle&=\frac{1}{2}\left\{\frac{1}{A_1}\frac{\partial u\langle 3\rangle}{\partial x^{1}}+\frac{1}{A_3}\frac{\partial u\langle 1\rangle}{\partial x^{3}}-\frac{u\langle 1\rangle}{A_1A_3}\frac{\partial A_1}{\partial x^{3}}-\frac{u\langle 3\rangle}{A_3A_1}\frac{\partial A_3}{\partial x^{1}}\right\}
\end{aligned}
\tag{4-192}
$$

下面总结一下，在正交曲线坐标系中常见的方程。

1. 极坐标

平衡方程

$$
\frac{\partial\sigma_r}{\partial r}+\frac{1}{r}\frac{\partial\sigma_{r\theta}}{\partial\theta}+\frac{\sigma_r-\sigma_\theta}{r}+\frac{\partial\sigma_{rz}}{\partial z}+f_r=0 \tag{4-193}
$$

$$\frac{1}{r}\frac{\partial \sigma_\theta}{\partial \theta}+\frac{\partial \sigma_{r\theta}}{\partial r}+\frac{2\sigma_{r\theta}}{r}+\frac{\partial \sigma_{z\theta}}{\partial z}+f_\theta=0 \tag{4-194}$$

$$\frac{\partial \sigma_z}{\partial z}+\frac{1}{r}\frac{\partial \sigma_{z\theta}}{\partial \theta}+\frac{\partial \sigma_{zr}}{\partial r}+\frac{\sigma_{rz}}{r}+f_z=0 \tag{4-195}$$

几何方程

$$\varepsilon_r=\frac{\partial u_r}{\partial r} \tag{4-196}$$

$$\varepsilon_\theta=\frac{u_r}{r}+\frac{1}{r}\frac{\partial u_\theta}{\partial \theta} \tag{4-197}$$

$$\varepsilon_z=\frac{\partial w}{\partial z} \tag{4-198}$$

$$\gamma_{r\theta}=\frac{1}{r}\frac{\partial u_r}{\partial \theta}+\frac{\partial u_\theta}{\partial r}-\frac{u_\theta}{r} \tag{4-199}$$

$$\gamma_{rz}=\frac{\partial u_r}{\partial z}+\frac{\partial w}{\partial r} \tag{4-200}$$

$$\gamma_{z\theta}=\frac{1}{r}\frac{\partial w}{\partial \theta}+\frac{\partial u_\theta}{\partial z} \tag{4-201}$$

本构关系

$$\sigma_r=\lambda\Theta+2\mu\varepsilon_r \tag{4-202}$$

$$\sigma_\theta=\lambda\Theta+2\mu\varepsilon_\theta \tag{4-203}$$

$$\sigma_z=\lambda\Theta+2\mu\varepsilon_z \tag{4-204}$$

$$\sigma_{zr}=\mu\gamma_{zr} \tag{4-205}$$

$$\sigma_{r\theta}=\mu\gamma_{r\theta} \tag{4-206}$$

$$\sigma_{z\theta}=\mu\gamma_{z\theta} \tag{4-207}$$

其中 $\Theta=\varepsilon_r+\varepsilon_\theta+\varepsilon_z$。

特别地，对于空间轴对称问题，有：

平衡方程

$$\frac{\partial \sigma_r}{\partial r}+\frac{\sigma_r-\sigma_\theta}{r}+\frac{\partial \sigma_{rz}}{\partial z}+f_r=0 \tag{4-208}$$

$$\frac{\partial \sigma_z}{\partial z}+\frac{\partial \sigma_{zr}}{\partial r}+\frac{\sigma_{rz}}{r}+f_z=0 \tag{4-209}$$

几何方程

$$\varepsilon_r = \frac{\partial u_r}{\partial r} \tag{4-210}$$

$$\varepsilon_\theta = \frac{u_r}{r} \tag{4-211}$$

$$\varepsilon_z = \frac{\partial w}{\partial z} \tag{4-212}$$

$$\gamma_{rz} = \frac{\partial u_r}{\partial z} + \frac{\partial w}{\partial r} \tag{4-213}$$

本构关系

$$\sigma_r = \lambda\Theta + 2\mu\varepsilon_r \tag{4-214}$$

$$\sigma_\theta = \lambda\Theta + 2\mu\varepsilon_\theta \tag{4-215}$$

$$\sigma_z = \lambda\Theta + 2\mu\varepsilon_z \tag{4-216}$$

$$\sigma_{zr} = \mu\gamma_{zr} \tag{4-217}$$

2. 球坐标

平衡方程

$$\frac{\partial \sigma_r}{\partial r} + \frac{1}{r}\frac{\partial \sigma_{r\theta}}{\partial \theta} + \frac{1}{r\sin\theta}\frac{\partial \sigma_{r\theta}}{\partial \varphi} + \frac{2\sigma_r - \sigma_\theta - \sigma_\varphi + \sigma_{r\theta}\cot\theta}{r} + f_r = 0 \tag{4-218}$$

$$\frac{1}{r}\frac{\partial \sigma_\theta}{\partial \theta} + \frac{\partial \sigma_{r\theta}}{\partial r} + \frac{1}{r\sin\theta}\frac{\partial \sigma_{\theta\varphi}}{\partial \varphi} + \frac{(\sigma_\theta - \sigma_\varphi)\cot\theta + 3\sigma_{r\theta}}{r} + f_\theta = 0 \tag{4-219}$$

$$\frac{\partial \sigma_z}{\partial z} + \frac{1}{r}\frac{\partial \sigma_{z\theta}}{\partial \theta} + \frac{\partial \sigma_{zr}}{\partial r} + \frac{\sigma_{rz}}{r} + f_z = 0 \tag{4-220}$$

几何方程

$$\varepsilon_r = \frac{\partial u_r}{\partial r} \tag{4-221}$$

$$\varepsilon_\theta = \frac{u_r}{r} + \frac{1}{r}\frac{\partial u_\theta}{\partial \theta} \tag{4-222}$$

$$\varepsilon_z = \frac{\partial w}{\partial z} \tag{4-223}$$

$$\gamma_{r\theta} = \frac{1}{r}\frac{\partial u_r}{\partial \theta} + \frac{\partial u_\theta}{\partial r} - \frac{u_\theta}{r} \tag{4-224}$$

$$\gamma_{rz} = \frac{\partial u_r}{\partial z} + \frac{\partial w}{\partial r} \tag{4-225}$$

$$\gamma_{z\theta}=\frac{1}{r}\frac{\partial w}{\partial \theta}+\frac{\partial u_\theta}{\partial z} \tag{4-226}$$

本构关系

$$\sigma_r=\lambda\Theta+2\mu\varepsilon_r \tag{4-227}$$

$$\sigma_\theta=\lambda\Theta+2\mu\varepsilon_\theta \tag{4-228}$$

$$\sigma_z=\lambda\Theta+2\mu\varepsilon_z \tag{4-229}$$

$$\sigma_{zr}=\mu\gamma_{zr} \tag{4-230}$$

$$\sigma_{r\theta}=\mu\gamma_{r\theta} \tag{4-231}$$

$$\sigma_{z\theta}=\mu\gamma_{z\theta} \tag{4-232}$$

例 6 圆柱坐标系中的 Navier-Stokes 方程。

解 几何关系

$$\dot{e}_{rr}=\frac{\partial u}{\partial r} \tag{4-233}$$

$$\dot{e}_{\theta\theta}=\frac{u}{r}+\frac{1}{r}\frac{\partial v}{\partial \theta} \tag{4-234}$$

$$\dot{e}_{zz}=\frac{\partial w}{\partial z} \tag{4-235}$$

则本构关系为

$$\sigma_{rr}=-p+2\mu\dot{e}_{rr} \tag{4-236}$$

$$\sigma_{\theta\theta}=-p+2\mu\dot{e}_{\theta\theta}=-p+2\mu\left(\frac{u}{r}+\frac{1}{r}\frac{\partial v}{\partial \theta}\right) \tag{4-237}$$

$$\sigma_{zz}=-p+2\mu\dot{e}_{zz}=-p+2\mu\frac{\partial w}{\partial z} \tag{4-238}$$

$$\sigma_{r\theta}=2\mu\dot{e}_{r\theta}=\mu\left[r\frac{\partial\left(v/r\right)}{\partial r}+\frac{1}{r}\frac{\partial u}{\partial \theta}\right] \tag{4-239}$$

$$\sigma_{\theta z}=2\mu\dot{e}_{\theta z}=\mu\left(\frac{1}{r}\frac{\partial w}{\partial \theta}+\frac{\partial v}{\partial z}\right) \tag{4-240}$$

$$\sigma_{zr}=2\mu\dot{e}_{zr}=\mu\left(\frac{\partial u}{\partial z}+\frac{\partial w}{\partial r}\right) \tag{4-241}$$

代入方程可以得到 Navier-Stokes 方程

$$\frac{\partial u}{\partial t}+u\frac{\partial u}{\partial r}+\frac{v}{r}\frac{\partial u}{\partial \theta}+w\frac{\partial u}{\partial z}-\frac{v^2}{r}=-\frac{1}{\rho}\frac{\partial p}{\partial r}+v\left(\nabla^2 u-\frac{u}{r^2}-\frac{2}{r^2}\frac{\partial v}{\partial \theta}\right)+f_r \tag{4-242}$$

$$\frac{\partial v}{\partial t}+u\frac{\partial v}{\partial r}+\frac{v}{r}\frac{\partial v}{\partial \theta}+w\frac{\partial v}{\partial z}+\frac{uv}{r}=-\frac{1}{\rho}\frac{1}{r}\frac{\partial p}{\partial \theta}+v\left(\nabla^2 v+\frac{2}{r^2}\frac{\partial u}{\partial \theta}-\frac{v}{r^2}\right)+f_\theta \tag{4-243}$$

$$\frac{\partial w}{\partial t}+u\frac{\partial w}{\partial r}+\frac{v}{r}\frac{\partial w}{\partial \theta}+w\frac{\partial w}{\partial z}=-\frac{1}{\rho}\frac{\partial p}{\partial z}+v\nabla^2 w+f_z \tag{4-244}$$

其中 $\nabla^2=\dfrac{\partial^2}{\partial r^2}+\dfrac{1}{r}\dfrac{\partial}{\partial r}+\dfrac{1}{r^2}\dfrac{\partial^2}{\partial \theta^2}+\dfrac{\partial^2}{\partial z^2}$。

其连续性方程为

$$\frac{1}{r}\frac{\partial (ru)}{\partial r}+\frac{1}{r}\frac{\partial v}{\partial \theta}+\frac{\partial w}{\partial z}=0 \tag{4-245}$$

习　　题

4.1　已知：标量函数 a。求证：$a_{;jk}=a_{;kj}=\dfrac{\partial^2 a}{\partial x^j \partial x^k}-\dfrac{\partial a}{\partial x^r}\varGamma^r_{jk}$。

4.2　从 $u_i=g_{ik}u^k$ 出发，求证：$u_{i;j}=g_{ik}u^k_{;j}$。

4.3　求证等式：$\dfrac{\partial g^{jl}}{\partial x^i}=-\left(g^{mj}\varGamma^l_{im}+g^{ml}\varGamma^j_{im}\right)$。

4.4　用度量张量的分量表示正交曲线坐标系中的 $\varGamma^k_{ij}$ 与 $\varGamma_{ij,k}$。

4.5　已知：φ 为标量场函数，$\boldsymbol{v}$ 为矢量场函数。求证：$\nabla(\varphi\boldsymbol{v})=\varphi(\nabla\boldsymbol{v})+(\nabla\varphi)\boldsymbol{v}$。

4.6　已知：$\boldsymbol{v}$，$\boldsymbol{w}$ 均为矢量场函数。求证：$\nabla(\boldsymbol{v}\cdot\boldsymbol{w})=(\nabla\boldsymbol{w})\cdot\boldsymbol{v}+(\nabla\boldsymbol{v})\cdot\boldsymbol{w}$。

4.7　已知 $\boldsymbol{a}$ 为矢量，推导正交坐标系中 $\nabla\times\boldsymbol{a}$、$\nabla\cdot\boldsymbol{a}$、$\nabla^2\boldsymbol{a}$ 的表达式。

4.8　已知：$\boldsymbol{v}$ 为矢量场函数，$\boldsymbol{a}$ 为任意矢量。求证：$(\mathrm{curl}\boldsymbol{v})\times\boldsymbol{a}=[\boldsymbol{v}\nabla-\nabla\boldsymbol{v}]\cdot\boldsymbol{a}$。

4.9　已知：$\boldsymbol{a}$，$\boldsymbol{b}$ 为矢量场函数。求证：$\nabla(\boldsymbol{a}\cdot\boldsymbol{b})=\boldsymbol{a}\times(\nabla\times\boldsymbol{b})+\boldsymbol{b}\times(\nabla\times\boldsymbol{a})+\boldsymbol{a}\cdot(\nabla\boldsymbol{b})+\boldsymbol{b}\cdot(\nabla\boldsymbol{a})$。

4.10　已知：$\boldsymbol{a}$，$\boldsymbol{b}$ 为矢量场函数。求证：$\nabla\times(\boldsymbol{a}\times\boldsymbol{b})=\boldsymbol{b}\cdot(\nabla\boldsymbol{a})-\boldsymbol{b}(\nabla\cdot\boldsymbol{a})+\boldsymbol{a}(\nabla\cdot\boldsymbol{b})-\boldsymbol{a}\cdot(\nabla\boldsymbol{b})$。

4.11　求证：$\nabla\cdot(\varphi\boldsymbol{T})=\boldsymbol{T}^{\mathrm{T}}\cdot\nabla\varphi+\varphi(\nabla\cdot\boldsymbol{T})$。其中 φ 为标量场函数，$\boldsymbol{T}$ 为二阶张量场函数。

4.12　已知：某矢量场函数 $\boldsymbol{u}$，$\mathrm{curl}\boldsymbol{u}=\boldsymbol{0}$，$\mathrm{div}\boldsymbol{u}=\boldsymbol{0}$。求证：$\boldsymbol{u}$ 是调和函数，即 $\nabla\cdot\nabla\boldsymbol{u}=0$。

4.13　试用柱面坐标系表示矢量 $\boldsymbol{u}=2z\boldsymbol{i}-3x\boldsymbol{j}+4y\boldsymbol{k}$。

4.14　已知：圆柱坐标系中矢量场函数 $\boldsymbol{F}$ 可表达为 $\boldsymbol{F}=F_r\boldsymbol{e}_r+F_\theta\boldsymbol{e}_\theta+F_z\boldsymbol{e}_z$($\boldsymbol{e}_r$，$\boldsymbol{e}_\theta$，$\boldsymbol{e}_z$

是 r，θ，z 方向的单位矢量)；标量场函数 ϕ。求：Christoffel 符号与 $\boldsymbol{e}_r$，$\boldsymbol{e}_\theta$，$\boldsymbol{e}_z$ 对坐标的导数；用两种方法求 $\mathrm{grad}\phi$，$\mathrm{div}\boldsymbol{F}$，$\mathrm{curl}\boldsymbol{F}$ 及 $\boldsymbol{\nabla}^2\phi$。

4.15　推导第一类和第二类 Christoffel 符号的变换关系。

4.16　求直角坐标系、柱面坐标系、球面坐标系中第二类 Christoffel 符号的表达式。

4.17　利用 Green 公式证明理想流体动力学方程：$\rho\boldsymbol{w} = \rho\boldsymbol{f} - \nabla p$，其中 p 为压力场，ρ 为密度，$\boldsymbol{w}$ 为加速度，$\boldsymbol{f}$ 为体力。

4.18　求证 Stokes 公式：$\int\limits_a (\boldsymbol{\varphi}\times\boldsymbol{\nabla})\cdot\mathrm{d}\boldsymbol{a} = -\oint\limits_f \boldsymbol{\varphi}\cdot\mathrm{d}f$。

4.19　试利用完整系与非完整系的转换关系，由完整系中任意正交曲线坐标的平衡方程导出圆柱坐标系 (r，θ，z) 中用物理分量表示的平衡方程 (应力的物理分量记为 p_{rr}，$p_{\theta\theta}$，$\cdots$)。

4.20　同上题，试导出球坐标系 (r，θ，φ) 中用物理分量表示的平衡方程 (应力的物理分量记为 p_{rr}，$p_{r\varphi}$，$\cdots$)。

4.21　试导出任意正交曲线坐标系中用物理分量表示的平衡方程。设

$$A_1 = \sqrt{g_{11}},\quad A_2 = \sqrt{g_{22}},\quad A_3 = \sqrt{g_{33}}$$

4.22　试导出小位移情况下圆柱坐标系中用物理分量表示的应变与位移的几何关系 (以 u_r，u_θ，u_z 表示位移的物理分量，ε_{rr}，$\cdots$，$\varepsilon_{r\theta}$，$\cdots$ 表示应变的物理分量)。

4.23　试导出小位移情况下球坐标系中用物理分量表示的应变与位移的几何关系 (以 u_r，u_θ，u_φ 表示位移的物理分量，ε_{rr}，$\cdots$，$\varepsilon_{\theta\varphi}$，$\cdots$ 表示应变的物理分量)。

4.24　从笛卡儿坐标系的 Navier-Stokes 公式出发，写出任意曲线坐标系中该方程的张量分量形式，进一步写出圆柱坐标系中的物理分量形式。

$$\begin{aligned}
&\frac{\partial v_x}{\partial t} + v_x\frac{\partial v_x}{\partial x} + v_y\frac{\partial v_x}{\partial y} + v_z\frac{\partial v_x}{\partial z}\\
=&F_x - \frac{1}{\rho}\frac{\partial p}{\partial x} + \frac{\mu}{\rho}\left(\frac{\partial^2 v_x}{\partial x^2} + \frac{\partial^2 v_x}{\partial y^2} + \frac{\partial^2 v_x}{\partial z^2}\right) + \frac{\mu}{3\rho}\frac{\partial}{\partial x}\left(\frac{\partial v_x}{\partial x} + \frac{\partial v_y}{\partial y} + \frac{\partial v_z}{\partial z}\right)\\
&\frac{\partial v_y}{\partial t} + v_x\frac{\partial v_y}{\partial x} + v_y\frac{\partial v_y}{\partial y} + v_z\frac{\partial v_y}{\partial z}\\
=&F_y - \frac{1}{\rho}\frac{\partial p}{\partial y} + \frac{\mu}{\rho}\left(\frac{\partial^2 v_y}{\partial x^2} + \frac{\partial^2 v_y}{\partial y^2} + \frac{\partial^2 v_y}{\partial z^2}\right) + \frac{\mu}{3\rho}\frac{\partial}{\partial y}\left(\frac{\partial v_x}{\partial x} + \frac{\partial v_y}{\partial y} + \frac{\partial v_z}{\partial z}\right)\\
&\frac{\partial v_z}{\partial t} + v_x\frac{\partial v_z}{\partial x} + v_y\frac{\partial v_z}{\partial y} + v_z\frac{\partial v_z}{\partial z}
\end{aligned}$$

$$=F_z-\frac{1}{\rho}\frac{\partial p}{\partial z}+\frac{\mu}{\rho}\left(\frac{\partial^2 v_z}{\partial x^2}+\frac{\partial^2 v_z}{\partial y^2}+\frac{\partial^2 v_z}{\partial z^2}\right)+\frac{\mu}{3\rho}\frac{\partial}{\partial z}\left(\frac{\partial v_x}{\partial x}+\frac{\partial v_y}{\partial y}+\frac{\partial v_z}{\partial z}\right)$$

4.25　从笛卡儿坐标系中的 Lamé-Navier 方程出发，写出任意坐标系中该方程的张量分量形式。

$$\frac{\partial^2 u_x}{\partial x^2}+\frac{\partial^2 u_x}{\partial y^2}+\frac{\partial^2 u_x}{\partial z^2}+\frac{1}{1-2\upsilon}\frac{\partial}{\partial x}\left(\frac{\partial u_x}{\partial x}+\frac{\partial u_y}{\partial y}+\frac{\partial u_z}{\partial z}\right)+\frac{f_x}{G}=0$$

$$\frac{\partial^2 u_y}{\partial x^2}+\frac{\partial^2 u_y}{\partial y^2}+\frac{\partial^2 u_y}{\partial z^2}+\frac{1}{1-2\upsilon}\frac{\partial}{\partial y}\left(\frac{\partial u_x}{\partial x}+\frac{\partial u_y}{\partial y}+\frac{\partial u_z}{\partial z}\right)+\frac{f_y}{G}=0$$

$$\frac{\partial^2 u_z}{\partial x^2}+\frac{\partial^2 u_z}{\partial y^2}+\frac{\partial^2 u_z}{\partial z^2}+\frac{1}{1-2\upsilon}\frac{\partial}{\partial z}\left(\frac{\partial u_x}{\partial x}+\frac{\partial u_y}{\partial y}+\frac{\partial u_z}{\partial z}\right)+\frac{f_z}{G}=0$$

参 考 文 献

黄克智，黄永刚. 1999. 固体本构关系. 北京：清华大学出版社.

黄克智，薛明德，陆明万. 2004. 张量分析. 北京：清华大学出版社.

刘建林. 2016. 微力无边：神奇的毛细和浸润现象. 北京：清华大学出版社.

陆明万，罗学富. 2001. 弹性理论基础. 北京：清华大学出版社.

余天庆，李厚民，毛卫民. 2014. 张量分析及在力学中的应用. 北京：清华大学出版社.

余天庆，钱济成. 1998. 损伤理论及其应用. 北京：国防工业出版社.

赵亚溥. 2016. 近代连续介质力学. 北京：科学出版社.

Bell E T. 1986. Men of Mathematics. Touchstone Books.

Flügge W. 1972. Tensor Analysis and Continuum Mechanics. Berlin: Springer-Verlag.